フリーソフトを用いた
衛星画像解析入門

世界の自然と災害事例で学ぶ

田中邦一・山本哲司・磯部邦昭 著

古今書院

刊行にあたって

　本書は当初，執筆者の一人である山本哲司が雑誌『測量』に 2004 年 11 月号から 2005 年 9 月号まで 10 回にわたり「Web でみる地球の姿」として連載した記事をベースに作成しようと考えた。しかし編集者から，これは衛星画像の解析結果として重要だが，どのように衛星画像を探すのか，探しあてた画像をどのように読み解くのか，そういう部分をも書いてほしいと要望があり，執筆者が協力して大幅に書き加え，『フリーソフトを用いた衛星画像解析入門』とし，第 I 部を "どうすれば衛星画像を見ることができるか"，第 II 部で "宇宙から見る地球の姿" として刊行することにした。

　現在はインターネットの普及により，世界中からさまざまな情報を入手できる。その情報は個人のブログから政府ならびに自治体等の公式ホームページまで多様である。また，情報の中身についても文字情報から衛星画像をはじめ写真や図表，動画，音楽と，これもまた多様性に富んでいる。しかも情報の質についてもさまざまで玉石混淆の感は否めない。インターネットのもう一つの特徴は，どんどん変化することだ。「情報の更新」の名のもとに素晴らしい情報も消えていく運命を背負っている。筆者らは，こうした玉石混淆の「情報の海」から真に意味のある，価値ある情報をすくいとり，地球上の地理的位置と時代変遷を考慮しながら，「Web で見る地球の姿」を明らかにしてみた。

　それだけでなく，本書ではインターネットで公開されている衛星画像と非画像データの探し方(ネットサーフ)や画像の入手方法，画像の読み解き方なども書き加えて読者に使いやすくした。これは地理学や空間情報工学，あるいは土木工学を志す学生諸君や技術者にとって格好のテキストとなり副読本としても役立つものと確信している。ぜひ利用していただきたい。

　2012 年 6 月　　　　　　　　　　　　　　　　　　　　　　　　　　　　　　　　　　執筆者一同

本書の使い方

　本書は"刊行にあたって"で述べたように2部構成になっている．第Ⅰ部では，「どうすれば衛星画像を見ることができるか」と題して画像情報の基礎，観測システムと解析の流れ，それに続けて衛星画像を多くアーカイブとしてWebに公開しているNASAやJAXAのホームページにネットサーフする方法と，これらの画像の入手方法を紹介している．ここでとくに，無償画像データの入手方法は学生諸君に多いに役に立つと思う．さらに画像処理については，青山定敬氏が作成したフリーソフトRSP（Ver.1.11）を使っての解析処理の仕方を紹介した．第Ⅰ部の終章では，集めた画像データや解析処理したデータを"どう読み解き"レポートにまとめるか，その方法を解説した．これも学生諸君のレポートや小論文の作成などに役立つと期待している．

　第Ⅱ部は，いろいろな機関がWebで公開している画像データをはじめ，画像以外のデータも駆使し地球上に起きている現象，例えばシベリアの森林火災や南極の棚氷流出など自然環境の変化や，ヒマラヤ氷河湖の決壊やインド洋の大津波など大規模な災害をテーマに，画像を読み解きレポートにまとめて紹介している．テーマは自然現象のみならずナスカの地上絵など歴史やパナマ運河建設の政策的事情など社会現象もあわせて扱った．Webで公開されたものの中には，現在は更新されていて見られないものもある．しかし，レポートとしてのまとめ方についての参考になると確信している．

　本書で操作したPCは主としてXPまたはWindows7によっている．使用したブラウザはInternet Explorerである．Macintoshや新しいOSでの動作確認はしていない．通常，リモートセンシングとりわけ衛星画像データはデータ量が多く，コンピュータのハードに依存する部分が多いので，使用するPCはできるだけ大容量のメモリーとハードディスクを搭載されること，グラフィック機能のすぐれたものを使用することをお薦めする．

　なお，本書で紹介したフリーソフトウェアならびにデータのダウンロードおよびその使用，著作権等については，ソフトウェアの著作者，画像等データ提供者と使用する皆さんとの責任・契約において秩序ある利用をお願いしたい．

目　次

刊行にあたって··i
本書の使い方··ii

第Ⅰ部　どうすれば衛星画像を見ることができるか ················· 1

1．衛星情報について理解しよう ··· 3

1.1　衛星画像情報・データ情報とは ·· 3
1.2　衛星による観測からデータ提供まで ··· 3
　1.2.1　衛星の観測によるデータ取得 ··· 3
　1.2.2　観測データが届くまで ·· 4
　1.2.3　衛星観測機関と受信施設 ·· 4

2．衛星観測しているところをネットサーフしよう ················· 6

2.1　NASA（米国航空宇宙局：the National Aeronautics and Space Administration） ·········· 6
2.2　JAXA（独立行政法人　宇宙航空研究開発機構） ···························· 9
　2.2.1　だいち写真ギャラリー ·· 9
　2.2.2　観測・研究成果データベース ··· 10
　2.2.3　地球観測研究センター ·· 12
2.3　（準）リアルタイムで見られるサイトの紹介 ······························ 15
　2.3.1　MODIS Rapid Response System（NASA） ····················· 15
　2.3.2　Miravi Image Rapid Visualisation（ESA） ····················· 16
　2.3.3　静止衛星 ··· 17
【コラム】··· 22

3．衛星画像データを入手するには ··· 23

3.1　衛星画像の探し方 ·· 23
3.2　無償の画像データを入手するには ·· 23
　3.2.1　NOAA や MODIS の画像 ··· 23
　3.2.2　LANDSAT など ·· 25
3.3　衛星画像データの購入方法 ·· 29
　3.3.1　ALOS/AVNIR-2，PRISM ·· 30
　3.3.2　TERRA/ASTER ··· 30

iv 目次

 3．4 過去の偵察衛星画像も購入できる …………………………………… 31
 3．5 画像データ以外のデータはどう入手するの ………………………… 35
   3．5．1 マイクロ波データ（SAR）………………………………… 35
   3．5．2 立体地形データ（DEM）………………………………… 37
   3．5．3 高さのデータ ……………………………………………… 38
  【コラム】………………………………………………………………… 41

4．画像処理はどうするの ……………………………………………… 42

 4．1 衛星画像を見るには ………………………………………………… 42
 4．2 ERDAS View Finder 2.1 を使ってみよう ………………………… 42
 4．3 画像処理をするにはどうするの …………………………………… 43
   4．3．1 フォトショップでも画像処理ができる………………… 43
   4．3．2 フリーの画像解析ソフトを手に入れよう……………… 44
 4．4 画像解析をやってみよう …………………………………………… 44
   4．4．1 ソフトのインストールと起動 …………………………… 44
   4．4．2 画像データのフォーマット変換 ………………………… 45
   4．4．3 画像の表示・移動，色調調整 …………………………… 46
   4．4．4 カラー合成 ………………………………………………… 48
   4．4．5 画面の切り出し …………………………………………… 49
   4．4．6 2値化画像作成 …………………………………………… 49
   4．4．7 マスク処理 ………………………………………………… 49
   4．4．8 シュードカラー …………………………………………… 50
   4．4．9 レベルスライス …………………………………………… 51
   4．4．10 画 像 分 類 ………………………………………………… 52
   4．4．11 画 像 演 算 ………………………………………………… 56
   4．4．12 フィルタ処理 …………………………………………… 57

5．集めたデータをどう読み解くか …………………………………… 58

 5．1 読み解くための基本 ………………………………………………… 58
 5．2 具体的な事例 ………………………………………………………… 62
 5．3 画像の読み解きのまとめ …………………………………………… 63
  【コラム】………………………………………………………………… 65

第Ⅱ部　宇宙から見る地球の姿 ･････････････････････････････････････ 67

1．アラル海の悲劇 ･･ 69
2．シベリア森林火災と永久凍土 ･･････････････････････････････････ 74
3．乾燥地域に吹く砂嵐 ･･ 79
4．サヘルで揺れるチャド湖 ･･････････････････････････････････････ 84
5．消えゆくキリマンジャロの雪 ･･････････････････････････････････ 89
6．大河メコンの洪水と環境 ･･････････････････････････････････････ 94
7．南極最大の棚氷流出す ･･ 98
8．インド洋沿岸を襲った海嘯 ･･･････････････････････････････････ 103
9．ヒマラヤ氷河湖決壊の危機 ･･･････････････････････････････････ 108
10．地上に描かれた巨大絵と空中都市 ･････････････････････････････ 113
11．原発事故の惨状（チェルノブイリと福島） ･････････････････････ 117
12．中国西域を流れる河の行方 ･･･････････････････････････････････ 122
13．光と闇の社会学 ･･･ 128
14．海嘯こんどは東日本を襲う ･･･････････････････････････････････ 133
　　【コラム】･･･ 138
15．二つの大洋をつなぐ運河 ･････････････････････････････････････ 139
　　【コラム】･･･ 146

第Ⅰ部　どうすれば衛星画像を見ることができるか

1. 衛星情報について理解しよう

1.1 衛星画像情報・データ情報とは

地球観測衛星によるリモートセンシングでは画像情報とデータ情報を観測・取得している。

画像情報は，マルチスペクトルスキャナ（MSS）のように対物面鏡を回転させるか，レーダ波のようにアンテナ自身を振ることで地表面を走査して2次元の画像を作成する。通常 MSS-TM などデータセンターから CD-ROM で供給されたデータを開くと Imgy_01 〜 Imgy_07 とあるファイルが単バンドごとに記録された画像（イメージ）情報と画像の幅や高さ，色深度，ヘッダサイズや画像の中心位置情報など注記（アノテーションデータ）情報とがセットになっている。これを総称して画像情報という。

データ情報とは，高度計などで観測された高さのデータ等である。ENVISAT や TOPEX/Poseidon などにはマイクロ波高度計が搭載されており衛星と地表面（海面）の間をマイクロ波のパルスが往復する時間から高さを計測している。これらを利用することで，津波による海面変化や湖の水位の変動を知ることができる。

もう一つ衛星に搭載されているレーダー等で2方向から同一地点を観測することにより，高さのデータが得られる。これらは DEM（Digital Elevation Model）データとして提供されている。この DEM データと画像データと組み合わせることで3次元（3D）画像を作成することができる。

これら衛星画像情報やデータ情報の入手方法については，第 I 部3章で詳しく述べる。

1.2 衛星による観測からデータ提供まで

1.2.1 衛星の観測によるデータ取得

私たちが本やインターネットでよく見る人工衛星の画像は，どのように取得され作成されているのだろうか。光学衛星で観測された画像データから追ってみよう。

太陽から放射された電磁波は地球に達した後に大気や地表で反射され地球を回る人工衛星に到達する。人工衛星には電磁波を集める集光器が搭載されており，CCD センサなどによって感知・検出され，さらに分光器によりいくつかの波長域ごとに分けられてデータが取得される。

CCD センサによって感知された電磁波は，その電磁エネルギーに応じた電気信号を AD 変換し量子化（整数化）される。集積されたデータは圧縮され，衛星の送信アンテナから地上設備へ伝送される。

地上の受信局では受信した生の観測データを時系列にまとめ直したレベル 0 データへの処理が行われ保存される。このレベル 0 データをもとにユーザがオーダーする各種プロダクトが作成される。

プロダクトは EOS 規格に沿ってつくられ，レベル 1A データは観測データから切り出され伸張・ライン生成された生データである。データにはラジオメトリック情報や幾何学的補正情報が付加され

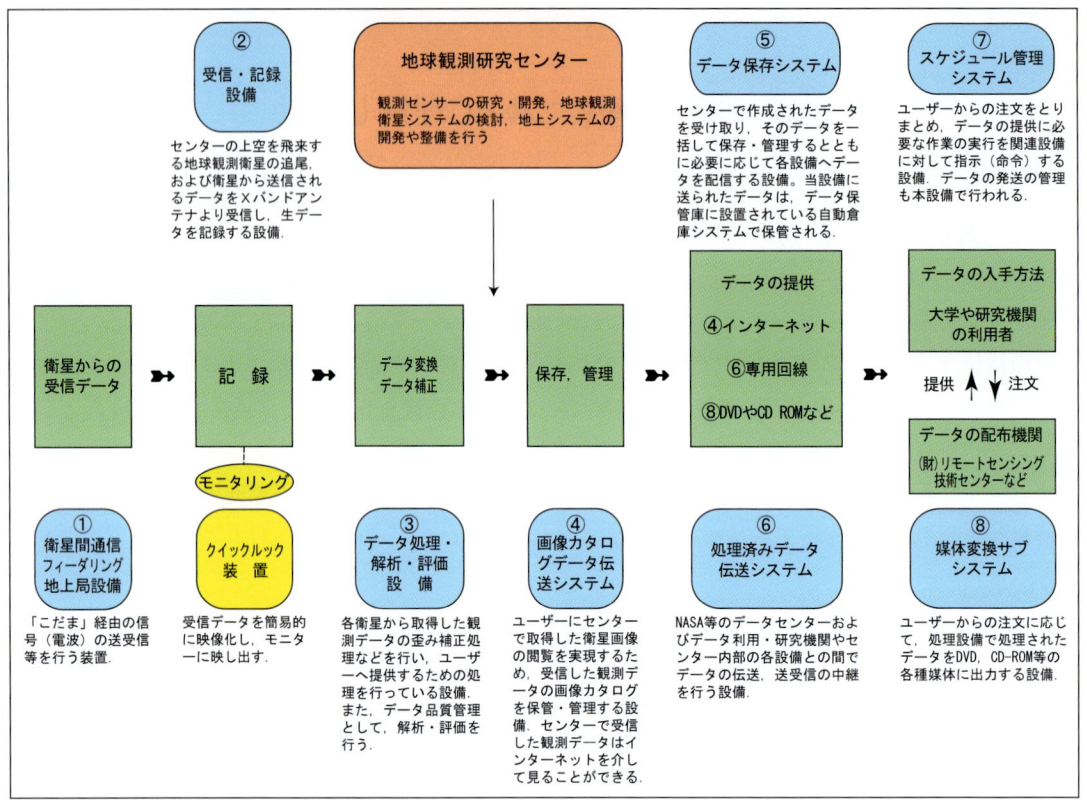

図 1-1-1　データが手元に届くまでの流れ（ALOS の例）

る。レベル 1B データはラジオメトリック補正や幾何補正が施された画像データである。

1.2.2　観測データが届くまで

　ALOS（だいち）などの地球観測衛星で取得されたデータは地上に送られた後はどのような処理が行われるのでしょうか。ALOS の例でみてみよう。

　ALOS や中継衛星経由の電波の受信は地球観測センター（EOC）で行われ，記録・処理・保存・検索および衛星運用管理が行われている。上空を飛来する衛星の追尾や衛星から送信されるデータを X バンドアンテナにより受信し，クイックルック装置で簡易的に映像化されモニタリングされる。

　その後，衛星からのデータはデータ処理設備によりコンピュータで使いやすい形に変換され，観測されたデータのひずみ補正処理などが行われる。さらに解析・評価などデータの品質管理が行われる。

　この作成されたデータから画像カタログがつくられ，データ保存システムでデータを一括して保存・管理するとともに，必要に応じて各設備に伝送される。

　衛星データはユーザからの注文に応じて処理設備でプロダクトが作成され，CD／DVD やオンラインにより国内ユーザに標準処理データとして提供される（図 1-1-1）。

1.2.3　衛星観測機関と受信施設

　日本の中高解像度地球観測衛星には JAXA が衛星運用する ALOS とセンサ部を経済産業省が開発

し NASA の衛星 Terra に搭載された ASTER がある。

　衛星で観測されたデータは，直接あるいはデータ中継衛星 DRTS（こだま）を介して地上局に伝送される方法と，衛星にある記録装置に保存したあと送信される方法によって行われる。

　ALOS では埼玉県鳩山の地球観測センター（EOC）で受信・保存が行われていた。その他に国外の衛星からのデータを受信・保存する施設には，広島工業大学，東海大学がある。ASTER データは NASA で受信されたレベル 0 処理データが国内に送信されてくる。なお，ALOS は故障のため平成 23 年（2011）5 月 12 日運用を停止している。

　国外では各機関の衛星を受信・保存する施設は米国の EROS データセンター，欧州宇宙機関（ESA）の ESRIN などの国家機関や民間企業のスペースイメージング社，デジタルグローブ社，オーブイメージ社などがあり，各地に受信局を設けデータの販売を行っている。

6　第Ⅰ部　どうすれば衛星画像を見ることができるか

2. 衛星観測しているところをネットサーフしよう

2.1　NASA（米国航空宇宙局：the National Aeronautics and Space Administration）

　地球の姿を捉えた Web 画像の公開機関としては，いくつかあるが代表的な機関としては米国の航空宇宙局（NASA）があげられる。NASA のおもな活動の一つとして，人工衛星による地球の探査がある。NASA のホームページへは http://www.nasa.gov/home/ で移動できる（図 1-2-1）。なお，タイムリーな最新の現象にその都度更新表示される。2011 年 3 月から数カ月間は「東日本大震災関連の画像」が多数表示されていた。現在は別のトピックスが表示されているが，興味深い画像も多くみられる。

　この画面の右側サイドウィンドウには NASA の活動分野別にアイコンが並んでいる。この中の地球アイコン「Earth」をクリックすると地球上の現象を人工衛星で捉えた画像があるホームページに移動できる。「Earth」のページ（図 1-2-2）は，さらにいくつかのインデックス項目等に分けられている。その中には，次のような項目がある。

・Earth Image of the Day（地球画像）

　最近の興味ある画像が掲載されている。Other NASA Earth Images をクリックし，過去に掲載されていた画像も検索できる。

図 1-2-1　NASA のホームページ（NASA）

2. 衛星観測しているところをネットサーフしよう　7

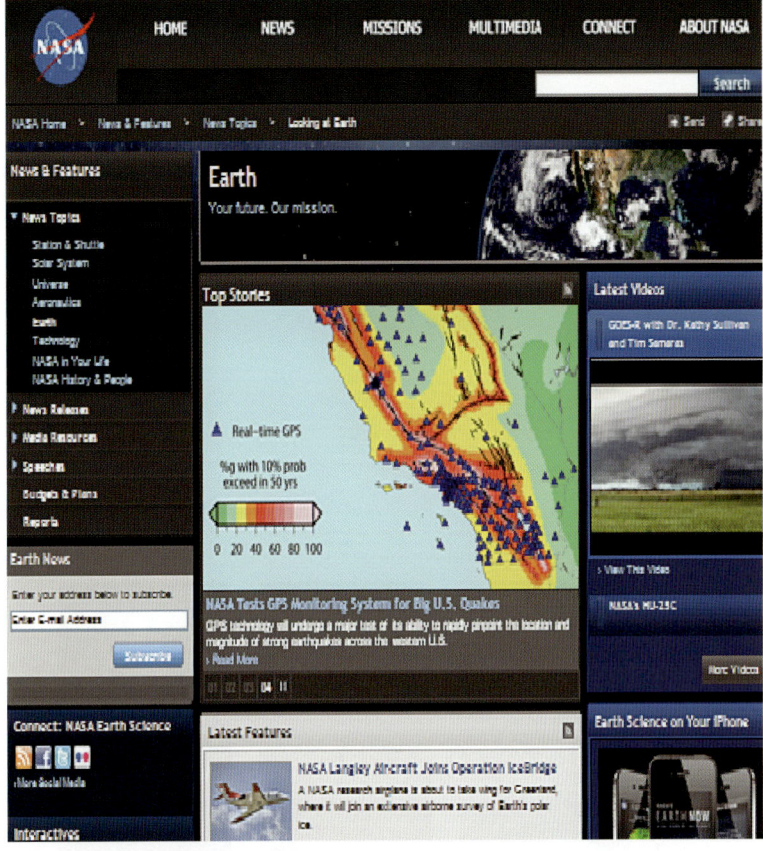

図1-2-2 「Earth」トップページ（NASA）

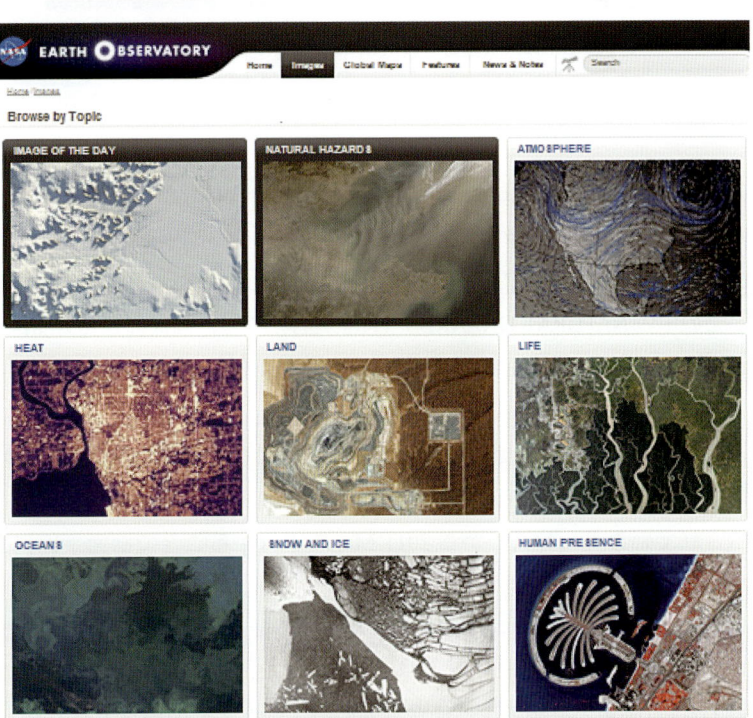

図1-2-3 Earth Observatory の Images のページ（NASA）

8　第Ⅰ部　どうすれば衛星画像を見ることができるか

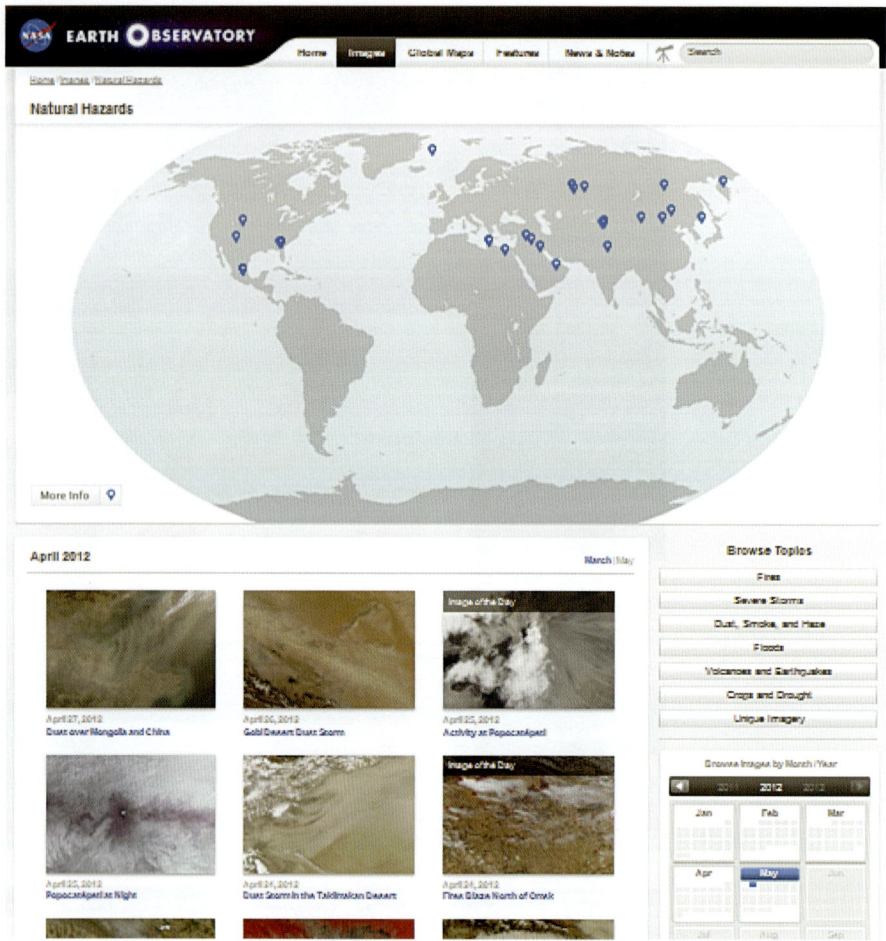

図 1-2-4　NATURAL HAZARDS から表示させた画面例（NASA）

・Earth Observatory（地球の観測）

　Earth Observatory をクリックし，そのトップページ画面の上部にある「Images」タブを選択すると Browse by Topic に移動し，項目別カタログ画像が表示された画面になる（図 1-2-3）。

　この中の NATURAL HAZARDS（自然災害）では，画面に世界分布図とともに最近発生した災害地点がポイントされ，下段にはその画像が表示される。見たい Image of the Day をクリックすると拡大画像と解説が表示される（図 1-2-4）。

　日付を指定し表示させることもできる。例えば東日本大震災の画像は，地図の日本にポイントされたマークをクリックすると，いくつか表示される画像情報の中から選択し見つけ出すか，画面右に表示されているカレンダーから 2011 Mar を選択することで画面下部に表示されるカタログ画像の中から見つけ出すことができる。

　この表示されたカタログ画像の中から興味ある画面をクリックすると，東日本大震災が発生した翌日の 2011 年 3 月 12 日に電力が消失し，東日本の夜間光量の減少が起きた拡大画像などが見られる。図 1-2-5 は地震と津波による仙台近郊の被災画像とその解説である。

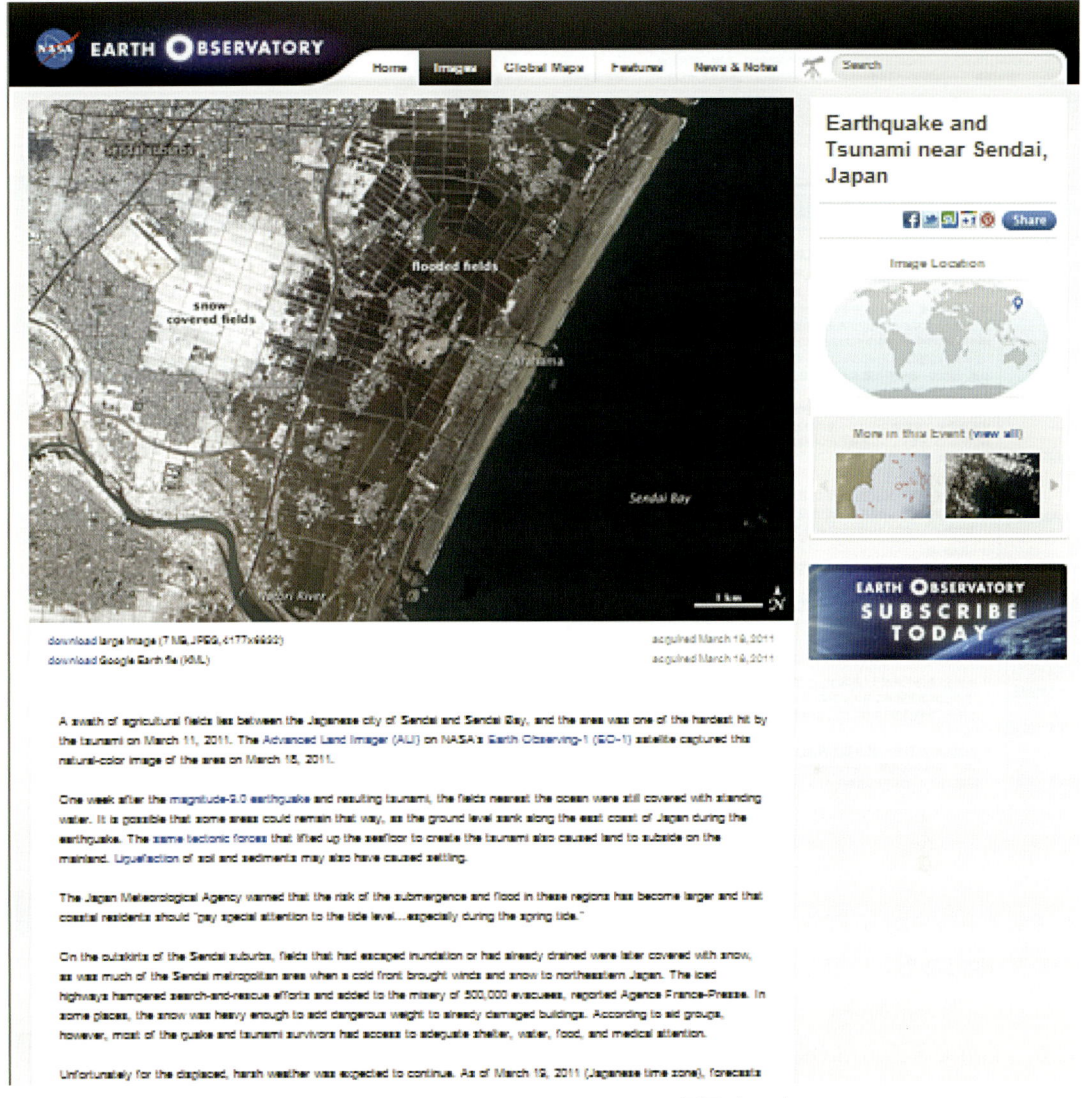

図 1-2-5　EARTH OBSERVATORY の Images の画面（NASA）

2.2　JAXA（独立行政法人 宇宙航空研究開発機構）

　地球の姿を捉えた Web 画像の公開機関として，わが国では JAXA があげられる。JAXA は衛星打上げロケットの開発，宇宙ステーション・宇宙環境を利用した研究，人工衛星による地球・環境観測等のプロジェクトを実施している。JAXA のホームページにはその成果の一部が掲載されている（図 1-2-6）。

　以下に JAXA のホームページで閲覧できるおもな衛星画像を取り上げた。

2.2.1　だいち写真ギャラリー

　JAXA のホームページ上部の「アーカイブ［画像・映像など］」タグを選択し，表示されたアーカ

10　第Ⅰ部　どうすれば衛星画像を見ることができるか

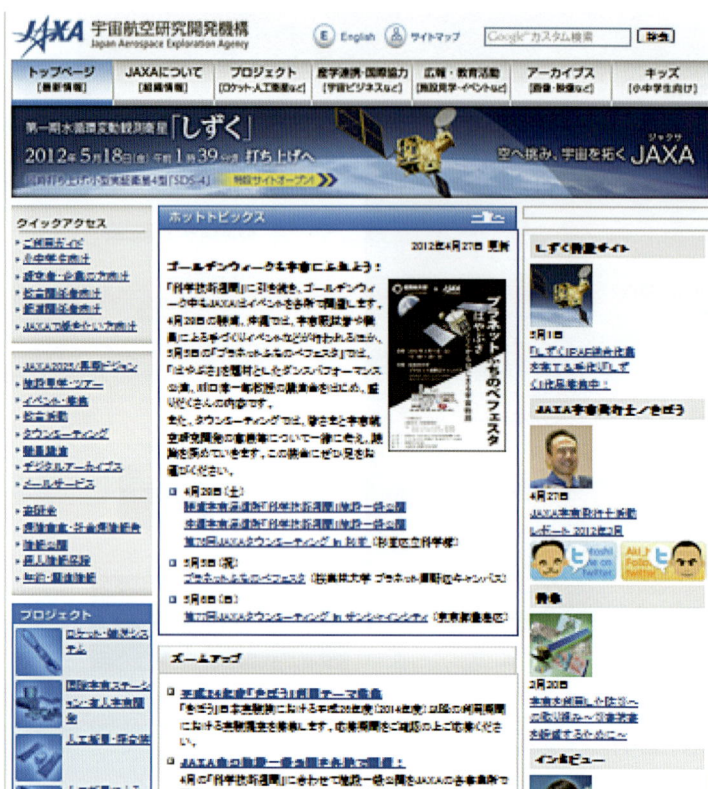

図 1-2-6　JAXA のホームページ（JAXA）
http://www.jaxa.jp/

図 1-2-7　だいち写真ギャラリーのページ
（JAXA/ 衛星利用推進センター）

イブサイトの中から「だいち写真ギャラリー」をクリックする（図 1-2-7）。

ALOS が過去に観測した選りすぐりの興味ある画像を見ることができる。ALOS から見た日本と世界の都市が閲覧できるほか，テーマ別に分類した衛星画像では日本の景観，世界の景観，典型地形，災害・気象現象，環境問題，世界遺産別に閲覧できる。

例えば「だいちから見た日本の都市」をクリックすると都道府県別に選択できるようになっており（図 1-2-8），ここで「関東・信越」から「東京湾」をクリックすると見たい衛星画像（図 1-2-9）が表示する。これは jpeg 形式（一般的な画像フォーマット，ほとんどの画像表示ソフトが対応している）で公開されており，保存も可能である。

2.2.2　観測・研究成果データベース

アーカイブスサイトの「観測・研究成果データベース」

2. 衛星観測しているところをネットサーフしよう　11

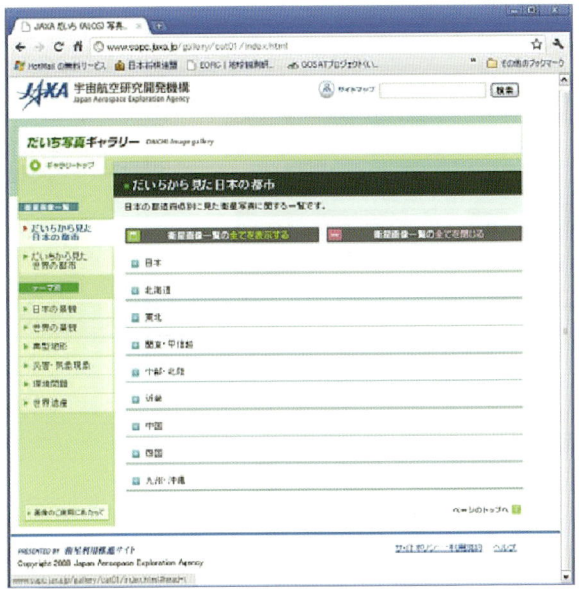

図 1-2-8 「だいちから見た日本の都市」のページ
（JAXA/ 衛星利用推進サイト）

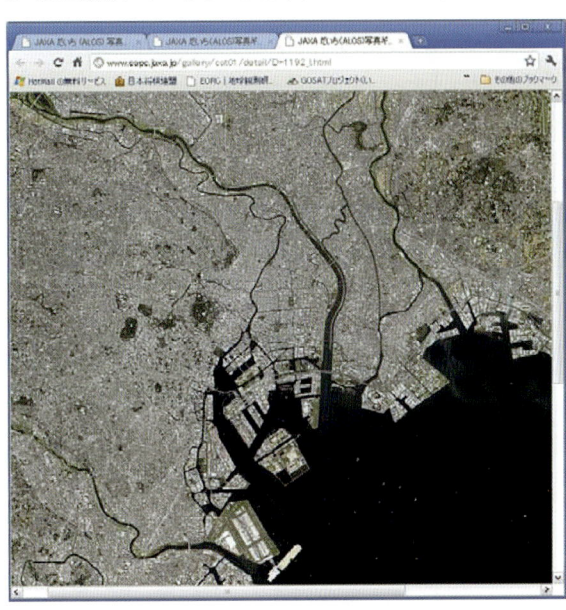

図 1-2-9 「東京湾」の表示例（JAXA/ 衛星利用推進サイト）

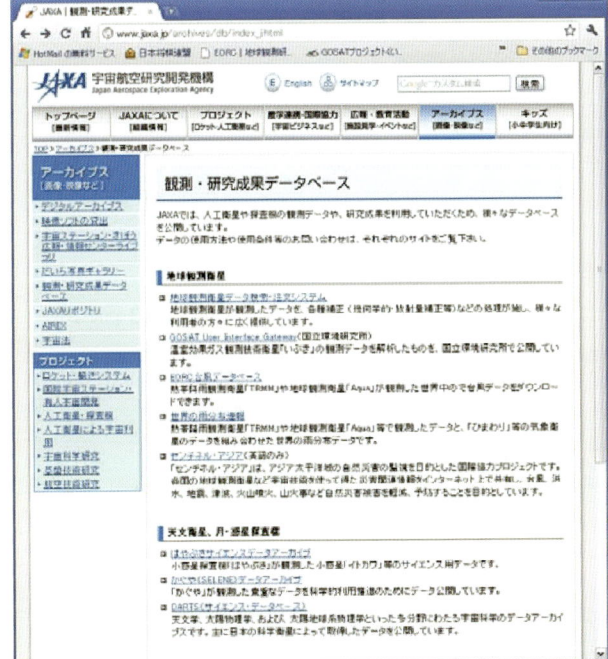

図 1-2-10　観測・研究成果データベースサイト（JAXA）
http://www.jaxa.jp/archives/db/index_j.html

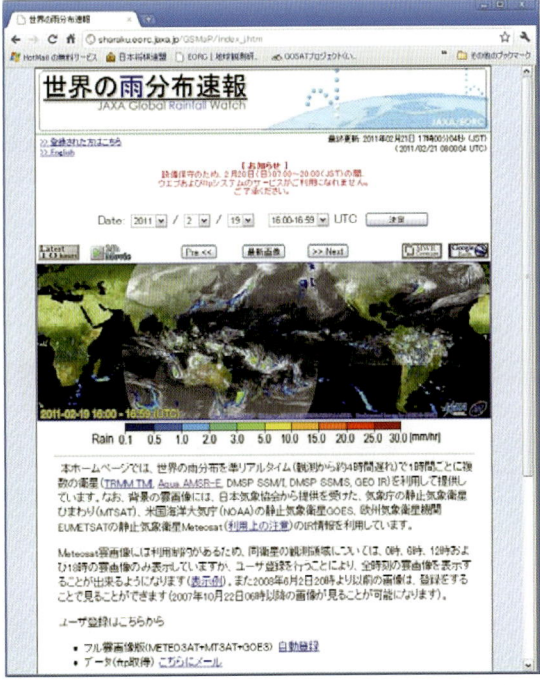

図 1-2-11 「世界の雨分布速報」のページ（JAXA/EORC）

をクリックし，データベースサイトに移動する（図 1-2-10）。ここでは地球観測衛星，天文衛星，月・惑星探査機等観測データや研究成果をさまざまなデータベースとして公開しており，各研究機関ともリンクされている。例えば「世界の雨分布速報」を閲覧すると，図 1-2-11 のような世界の雨分布が

12　第Ⅰ部　どうすれば衛星画像を見ることができるか

図 1-2-12　地球観測研究センターのホームページ（JAXA/EORC）

準リアルタイムに表示された画像を見ることができる。
　ALOS をはじめの日本の多くの地球観測データは，一般利用の場合では有償である。第 3.3 節にホームページからできるデータ検索，入手手続きを紹介する。

2.2.3　地球観測研究センター

　JAXA の地球観測研究センター（EORC）のホームページ（図 1-2-12）でも，さまざまな人工衛星とそれらを利用した応用事例が紹介されている。
　URL：http://www.eorc.jaxa.jp/index.php
　おもな画像は衛星画像＆データより閲覧できるが，その他に「衛星画像ギャラリー」，「だいち」の目で見る世界遺産や「地球が見える」のカタログ画像をクリックしても閲覧できる。各画像にはその時々のトピックス画像と簡単な解説文が掲載されているのが特徴で，映し出された画像を理解するうえで参考となる。

（1）衛星画像＆データ／「社会に役立つ衛星観測」

　衛星データの利用例として，ホームページ上部にある「衛星画像＆データ」タブから「社会に役立つ衛星観測」を選択すると，防災・危機管理，地球資源の把握，地球環境の監視の項目ごとに分けら

2. 衛星観測しているところをネットサーフしよう　13

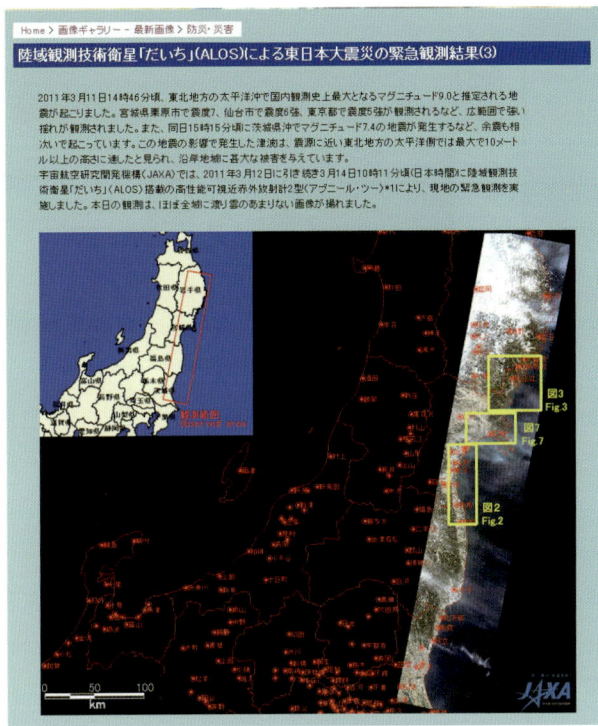

図 1-2-13　東日本大震災の緊急観測結果（JAXA/EORC）

図 1-2-14　仙台空港を含む広範囲な冠水の様子
（JAXA/EORC）

れた画像がみられる。防災・危機管理の「地震」ではALOSなどで観測された東日本大地震の衛星画像が掲載されている。図1-2-13はALOSの緊急観測範囲（黄色の枠），図1-2-14は仙台平野の冠水の状況を比較した画像である。

（2）衛星画像＆データ／衛星画像ギャラリー

「画像ギャラリー」には，さまざまな衛星で観測された画像が掲載されているだけでなく，画像から解析された画像も含まれている。すでに公表されてきたトピックスや画像集をまとめわかりやすく掲載してある（図1-2-15）。

（3）地球が見える

「地球が見える」には，2002年以降，いろいろな話題・視点から衛星画像を取り上げ，関連資料と合わせ，そこから見えてくるものをわかりやすい形で解説を加えている。画像を読み解くヒントとして参考になる（図1-2-16）。

図 1-2-15 「衛星画像ギャラリー」のページ（JAXA/EORC）
（http://www.eorc.jaxa.jp/imagedata/gallery）

14　第Ⅰ部　どうすれば衛星画像を見ることができるか

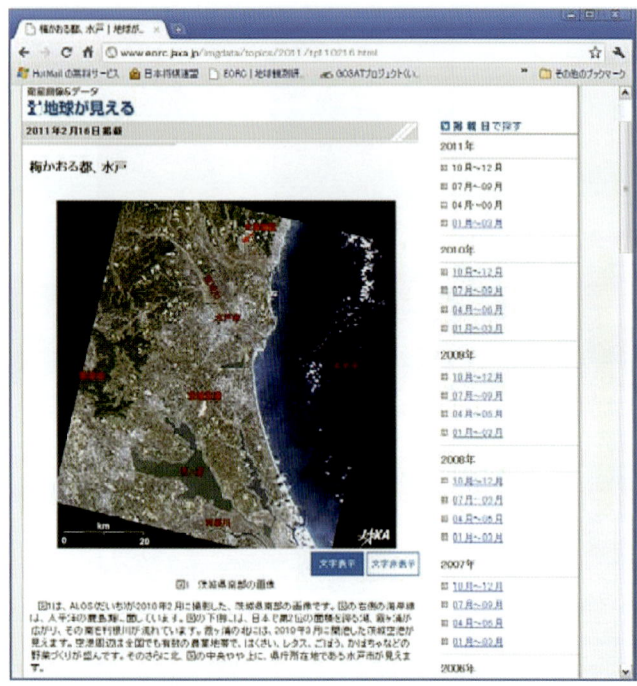

図1-2-16　「地球が見える」のページ（JAXA/EORC）

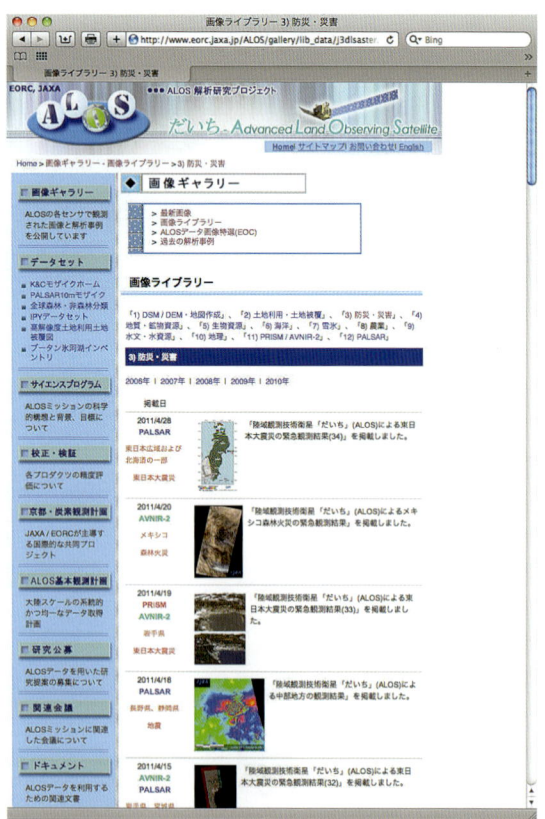

図1-2-18　ALOS画像ギャラリー（JAXA/EORC）

図1-2-17　世界遺産「屋久島」の掲載ページ（JAXA）

(4)「だいち」の目で見る世界遺産

URL:http://world_heritage.jaxa.jp/ja/index.php

ALOSで観測された世界遺産地域の画像が掲載されている。自然遺産，文化遺産などの興味ある画像を拡大して見ることができる。解説も載せられ世界遺産とその周辺環境も知ることができる。世界遺産保護活動を続けるユネスコとパートナーシップを結び順次新しい画像が追加されている（図1-2-17）。

(5) 利用研究プロジェクト

EORCホームページ下段には，JAXAで利用できるさまざまな地球観測衛星名が掲載されている。この中から「だいち（ALOS）」を選択すると，ALOS解析研究プロジェクトのページに移動するので，ここから画像ギャラリーをクリックし画像メニューページを表示させる（図1-2-18）。

表示メニューは「最新画像」，「画像ライブラリ

ー」,「ALOS データ画像特選（EOC）」,「過去の解析事例」から選択する。

2.3（準）リアルタイムで見られるサイトの紹介

衛星画像データは各公共機関や民間会社から購入できる。しかし，撮影後データが利用者へ提供されるまでには数日を要するため，緊急を要する場合やリアルタイムな情報として利用したい場合には対応できない。そこで，簡易ではあるが衛星から撮影された画像を Web 上でリアルタイムに見ることのできるおもな画像閲覧サイトを紹介する。

2.3.1 MODIS Rapid Response System（NASA）

URL: http://earthdata.nasa.gov/data/nrt-data/rapid-response

毎日の地球のカラー衛星画像を準リアルタイムに見られるサイトである。撮影後 2 時間半で利用可能となった MODIS 画像を見ることができる。衛星からの特定現象を即座に必要とするユーザに提供するために開発されたもので，画像データは森林火災，洪水災害，海洋汚染などの監視システムとして重要な要素となっている。中分解能撮像分光放射計（MODIS）は Aqua と Terra の二つ衛星に搭載されおり，ここでは 5 分間隔で表示され，ほぼ地球の全域がカバーされている。日本上空は Terra が午前，Aqua が午後に観測を行っている。

画像検索はホームページにある Rapid Response a MODIS Near Real Time（Obits Swath）Images から行うことができる（図 1-2-19）。

【検索方法】

step1：初期状態では観測日は当日が設定されているが，過去の観測日は Data の観測日枠をクリッ

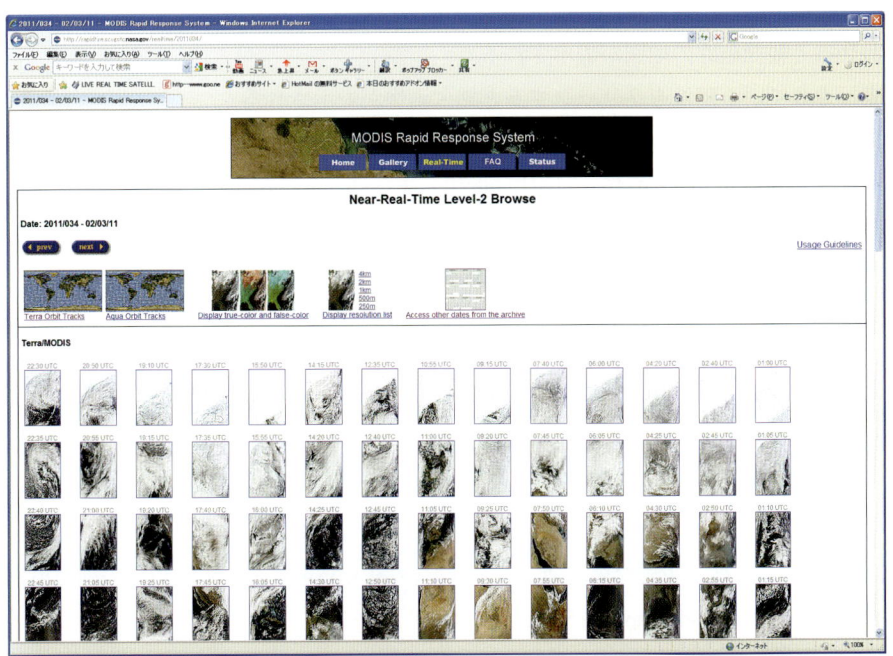

図 1-2-19　MODIS Rapid Response System の Near-Real-Time（Obis Swath）Images ブラウズ画面（NASA）
（http://lance-modis.eosdis.nasa.gov/cgi-bin/imagery/realtime.cgi）

16　第Ⅰ部　どうすれば衛星画像を見ることができるか

図 1-2-20　検索結果の画面（九州・新燃岳，2011.2.3，04:30 UTC, Aqua/MODIS）
（Credit：NASA/GSFC，MODIS Rapid Response）

　　　　クし表示されるカレンダーから表示させたい日付を選択する
step2：同様に「Display resolution list」にチェックを入れると画像解像度の表示，「Display True-color and false-color」にチェックを入れるとフォールスカラーが表示される
step3：下段にはカタログ画像が Terra，Aqua の順に表示されており，カタログ画像上にマウスを合わせると観測範囲の地図が表示される
step4：表示されている画像をクリックすると拡大画像が表示される
　　　　図 1-2-20 は検索結果の画像を拡大表示した画面である
〔関連サイト〕NASA MODIS Web　　URL：http://modis.gsfc.nasa.gov/index.php

2.3.2　Miravi Image Rapid Visualisation（ESA）

URL：http://miravi.eo.esa.int/en/

　ENVISAT 衛星で観測された可視画像（MERIS）とレーダデータ（ASAR）を高速処理し Miravi 検索システムから表示させている．

　可視またはレーダ画像の四つのカタログ画像が画面左に表示されており，この画像をクリックすることで右側にある地図上に撮影範囲が表示される（図 1-2-21）．検索結果の画像（図 1-2-22）は JPG または BMP 形式データとしてダウンロードできる．ただし，容量が大きいためダウンロードするにはかなり時間を要する．画像は正確な幾何補正はされていないが，現在 52,000 枚以上の画像が利用できる．

〔関連サイト〕Satellite Rapid Response System（SRRS）：
　URL：http://www.chelys.it/products/satellite-rapid-response-system/

2. 衛星観測しているところをネットサーフしよう　17

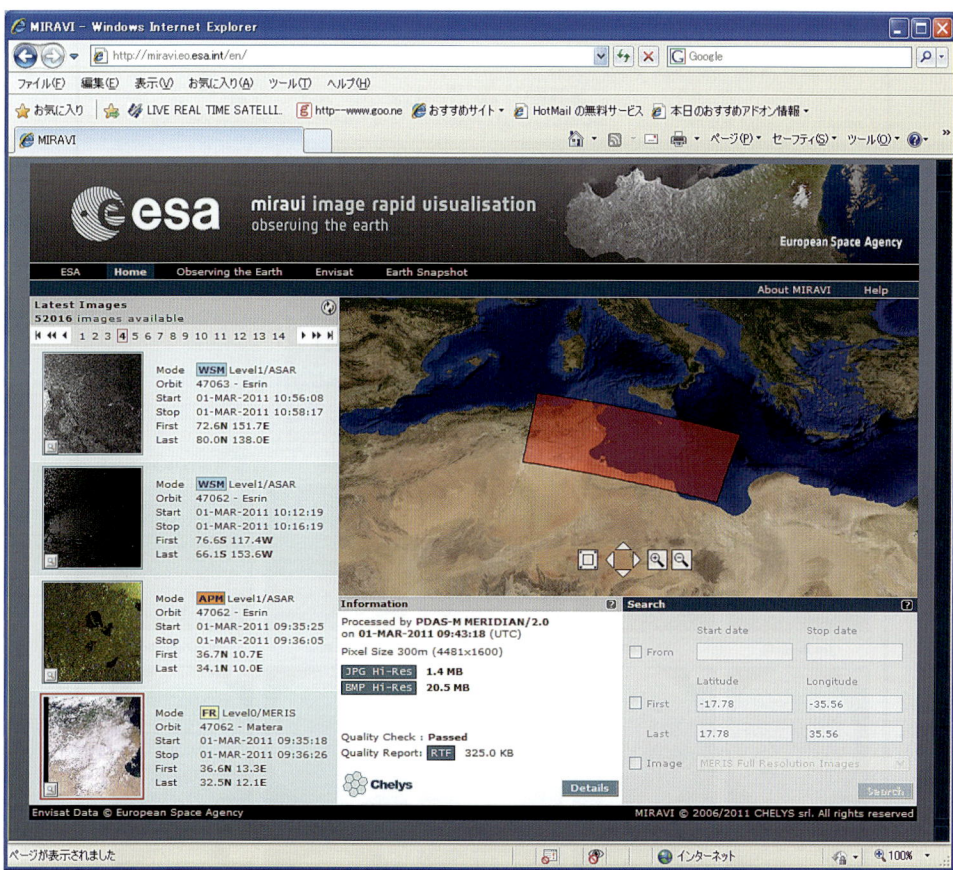

図 1-2-21　Miravi 画像検索システム（ESA）

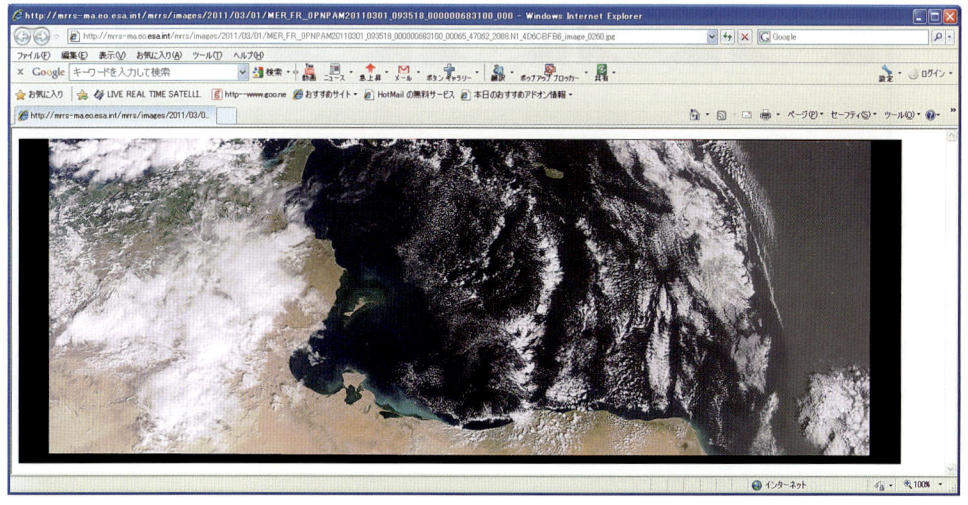

図 1-2-22　検索結果の画面（2011.3.1　09:43:18 UTC, ENVISAT）(ESA)
画像はダウンロードすることができる．

2.3.3　静　止　衛　星

地球の赤道上空に打ち上げられた静止衛星は気象情報などに役立てられており，リアルタイムに画

18　第Ⅰ部　どうすれば衛星画像を見ることができるか

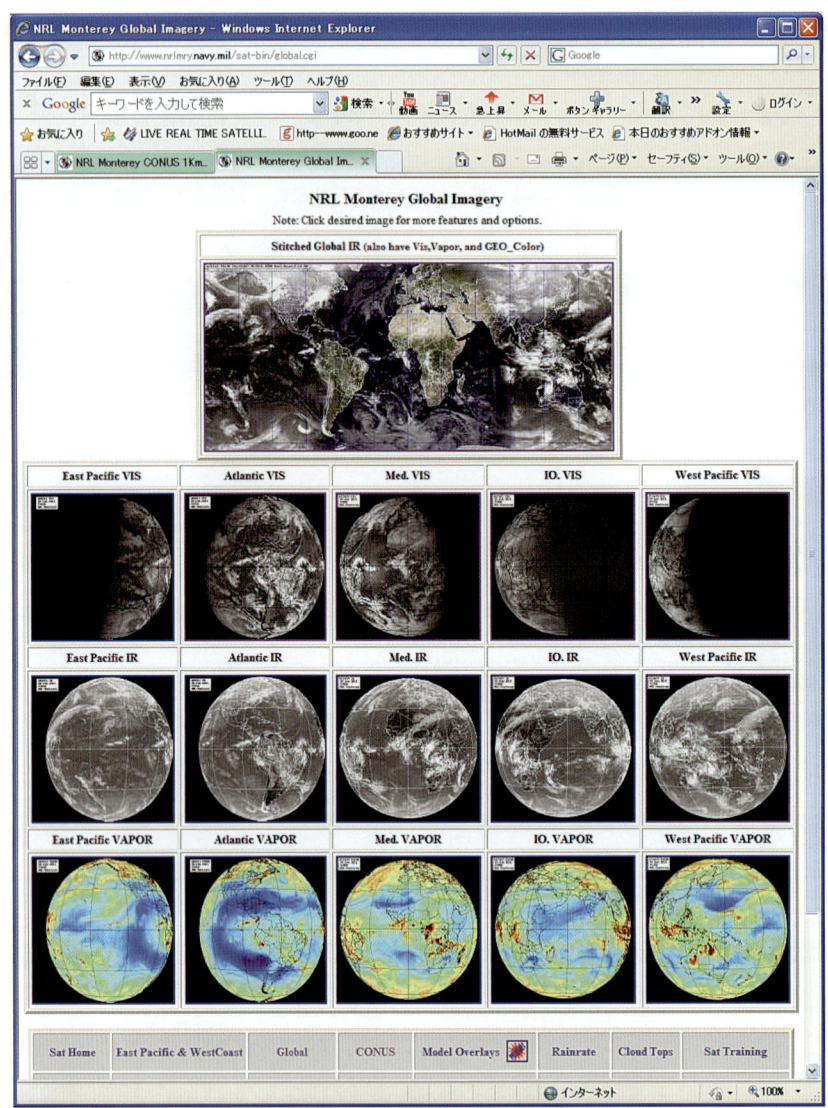

図 1-2-23　複数の静止衛星を使い現在の全地球の様子を手に取るように見ることができる（NRL）
上段から可視，近赤外，水蒸気画像．

像データが閲覧できる衛星の一つである．この画像を公開しているシステムをいくつか紹介する．

1. NRL Monterey Global Imagery

URL: http://www.nrlmry.navy.mil/sat-bin/global.cgi

　米国海軍・海兵隊の研究機関 Naval Research Laboratory（NRL）のホームページから，最新の静止衛星画像を見ることができる（図 1-2-23）．

　全地球を GOES, METEO, MTSAT などの 5 衛星により可視（VIS），赤外（IR）および水蒸気（VAPOR）画像として見ることができ，画像上をクリックすると拡大することができる．画像は常時最新画像に更新されており，生きた今の地球の息吹を感じとることができる．

2. 衛星観測しているところをネットサーフしよう　19

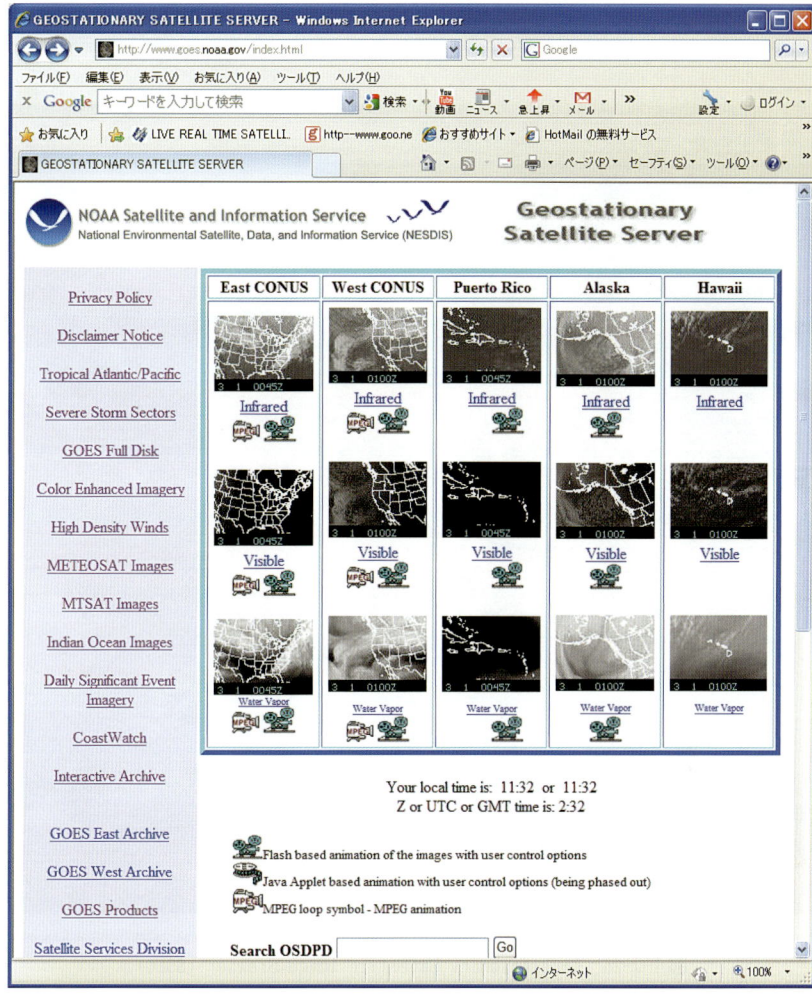

図1-2-24　Geostationary Satellite Server メニュー画面（NOAA）

2. NOAA Satellite and Information Service（NOAA）

Geostationary Satellite Server　　URL: http://www.goes.noaa.gov/index.html

おもに GOES によると南北アメリカ大陸がカバーされており，観測種類も多彩である。このサイトからは GOES のほかに METEOSAT，MTSAT のアーカイブ画像も見ることができる。

検索は「GOES Full Disk」，「METEOSAT Images」，「MTSAT Images」の各メニューから行う（図1-2-24）。

3. Space Science and Engineering Data Center（University of Wisconsin-Madison）

URL: http://www.ssec.wisc.edu/datacenter/

ウィスコンシン大学 SSEC（Space Science and Engineering Center）のデータセンターでは最新の静止衛星画像を見ることができる。

(1) Real-Time Imagery and Data

URL: http://www.ssec.wisc.edu/data/geo/

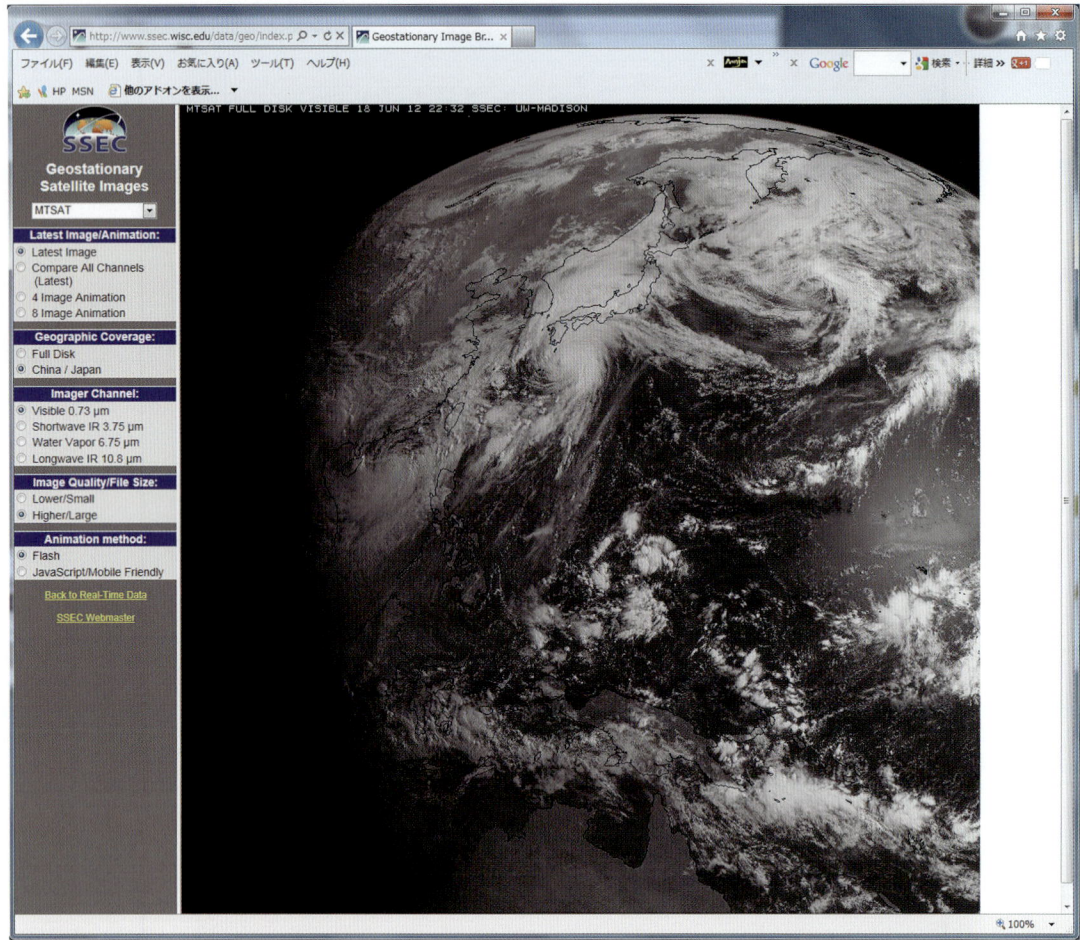

図 1-2-25 Geostationary Satellite Image Browser (SSEC)

　画像表示には Geostationary Satellite Image Browser（図1-2-25）から行い，衛星やチャンネルなどが選択可能である。GOES，METEOSAT，MTSAT など運用中の9静止衛星の最新画像と動画を見ることができる。

(2) SSEC Data Center Archive

URL: http://www.ssec.wisc.edu/datacenter/archive.html

　データセンターには静止衛星のアーカイブデータが保存されており検索閲覧が行える。検索には Satellite Inventory Browser から行いメールでの注文ができる。

URL: http://dcdbs.ssec.wisc.edu/inventory/

4．気象庁（JMA）

URL: http://www.jma.go.jp/jp/gms/

　日本の気象観測衛星は，「ひまわり」の愛称を受け継いだ運輸多目的衛星（MTSAT-2）が現在運用されている。1時間ごとに全球領域の観測が行われており，観測された HRIT（可視，赤外）データを白黒画像として見ることができる（図1-2-26）。

2. 衛星観測しているところをネットサーフしよう　21

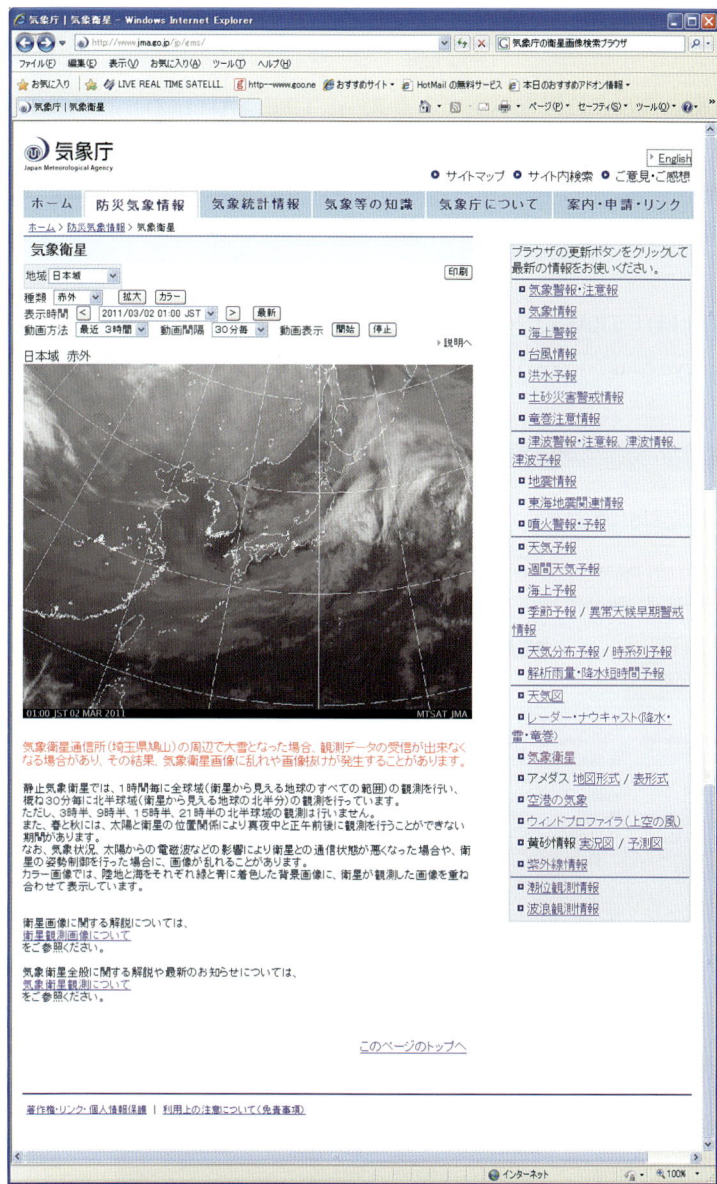

図1-2-26　気象庁の衛星画像検索ブラウザ（気象庁ホームページより）

画像閲覧は気象庁のホームページにある防災気象情報／気象衛星から行える。

[**関連サイト**]：気象衛星センター（MSC）URL: http://mscweb.kishou.go.jp/panfu/index.html

22　第Ⅰ部　どうすれば衛星画像を見ることができるか

【コラム】

　地球を周回する衛星の現在位置を検索できる REAL TIME SATELLITE TRACKING サイトを示す。地球観測衛星をはじめとする現在運用されている世界中の衛星を追跡できる。刻々と移動する衛星の飛行位置を世界地図上に表示させており，どの衛星が自分の近くを飛来しているかがわかる。衛星がいかに速く地球の周りを飛行しているのかが実感できる。

REAL TIME SATELLITE TRACKING サイト
URL: http://www.n2yo.com/?s=28931

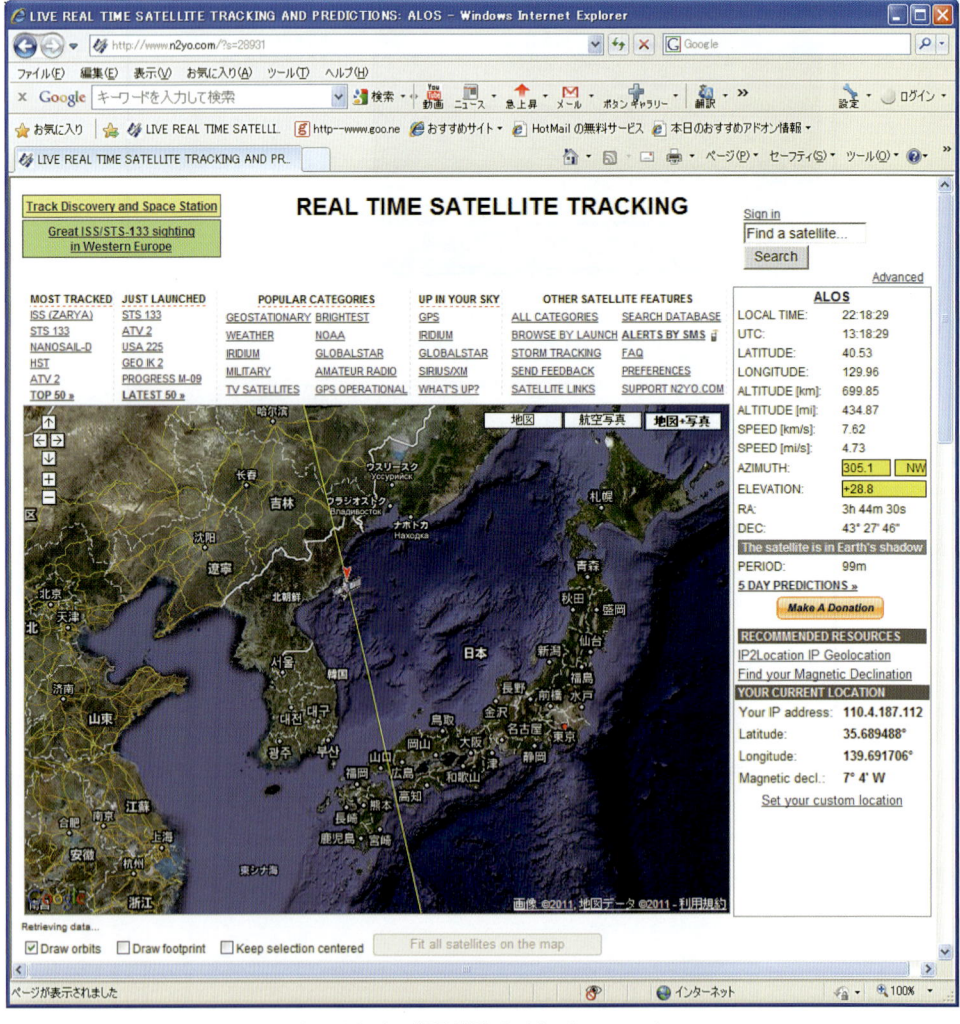

リアルタイム衛星追跡サイト（N2YO.com）
画面は ALOS 衛星軌道と飛行位置．

3. 衛星画像データを入手するには

3.1 衛星画像の探し方

　人工衛星から撮影された加工済みの衛星画像なら NASA，USGS や NOAA，また日本ならば JAXA や気象協会のホームページに行き，画像ライブラリーからテーマ別に整理された衛星画像を見ることができる。詳細は第 I 部 2 章を参照願いたい。ただし，ここで見られる画像は，読者が求めている特定の地域や期日あるいは現象について必ずしも整理されているとは限らない。

　ある地域の加工された画像を探すもう一つの方法は，Internet Explorer や Safari，Opera などのブラウザにある検索機能を使う方法である。Internet Explorer の中に Google の検索ウィンドウを組み入れてある。このウィンドウに検索文字を入れて検索する。図 1-3-1 は，ブラウザで検索した結果である。画面の右上（画面の赤い枠の中）に検索ウィンドウがある。ここに「衛星画像」と入れて検索した結果を示したものである。検索結果は必ずしもオリジナルとは限らない。誰かのブログであったり，大学のホームページであったりという場合が多いから，引用する際には注意が必要である。

図 1-3-1　ブラウザの検索ウィンドウに「衛星画像」と入れて検索した結果

3.2 無償の画像データを入手するには

3.2.1 NOAA や MODIS の画像

　次に，無償の画像（生）データを探して教材作成や研究に利用する方法を紹介する。
　無償で供用されている画像データは，米国の海洋気象衛星 NOAA など分解能が 1km と粗いデータ

図 1-3-2　東大生研沢田・竹内研究室のホームページ

が多い。しかし，NOAA の AVHRR（改良型高分解能放射計）などは 1970 年代から継続して運用しているので，対象地域の時系列変化を調べるのに適している。また，MODIS は国際協力のもとに進められている地球観測衛星 Terra に搭載されているセンサの一つで，分解能が 250m，500m，1,000m の 3 種類があり，中〜広域の陸域環境や海色を調べるのに適している。

　これらの画像データは大学などが公開しているホームページから入手できる。ここでは東京大学生産技術研究所の沢田・竹内研究室（http://stlab.iis.u-tokyo.ac.jp）が公開しているデータベースを事例に入手方法を説明する。

　まず URL を入力してホームページを表示させる（図 1-3-2）。研究室の概要やスタッフ等と同列に衛星画像データベースが用意されている。このホームページでは Terra・Aqua/MODIS と NOAA/AVHRR のイメージデータおよびクイックルック，オンライン処理システムでは WebMODIS，WebPaNDA（AVHRR），ひまわり（MTSAT/GMS），さらに雲に覆われた部分が少なくなるように 10 日分のデータを合成し幾何補正した画像 NOAA/AVHRR と Terra/ASTER が公開されている。

　とくに NOAA/AVHRR 画像などは取得範囲が非常に広いので，回転と平行四辺形の歪みを除去する補正が必要となる。自分で補正ができない場合は，幾何補正をほどこした画像を入手するのが望ましい。

step1：NOAA/AVHRR コンポジットデータベースの中の「日本」をクリック　＞　NOAA/AVHRR 10-days composite database over East Asia と書かれた下に西暦が表示される（ほしい画像の取得年を決める：とりあえず 2010 年を選ぶことにする）

step2：2010 をクリック　＞　取得月が表示される（ここでは 7 月を選ぶ）

step3：Jul 2010 をクリック　＞　図 1-3-3 のような画面が表示される
　　　　表示された画像は，原画像（CPS），植生指数（NDVI），海面温度（SST）の 3 枚である。ここでは原画像を入手する。

step4：Japan20100701-10 CPS.gz と Japan20100701-10 CPS.hdr をクリックすると，ファイルのダウンロード画面が開く　＞　ダウンロードするホルダーを指定するとダウンロードが始まる。

3. 衛星画像データを入手するには　25

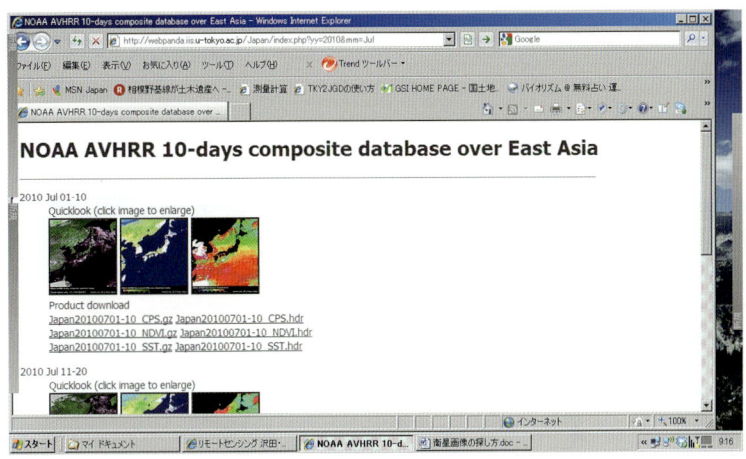

図 1-3-3　10 日ごとに合成された NOAA 画像が表示される

　ここで拡張子 gz がついているファイルは，圧縮されているものだから，これを解凍して使う。拡張子 hdr がついているファイルは，ヘッダー情報といい，画像の仕様が収納されている。この情報はENVI と呼ばれる衛星画像処理ソフトのものだが，テキスト形式のデータのため各種エディタで開くことができる。このほか日本語で対応できる機関が公開している画像は，次のとおりである。

①東海大学情報技術センター：http://www.tric.u-tokai.ac.jp/data/jpublic.htm
②東京情報大学：http://www.frontier.tuis.ac.jp/modis/php/index.php
③環日本海海洋環境ウォッチ：http://www.nowpap3.go.jp/jpn/

　このうち東海大学情報技術センターからは，日本周辺の MODIS データの準リアルタイムでの提供が受けられるほか，同センターで処理されたパスブラウズ画像やオホーツク海の海氷観測画像も見ることができる。

　東京情報大学のホームページでは，大学で処理した標準画像での MODIS 画像閲覧とダウンロード用 Web サイトから入手できるし，画面中に「利用方法のページ」と書かれたところをクリックすると入手方法が用意されている。

　環日本海海洋環境ウォッチは，環境省と（財）環日本海海洋環境協力センター（NPEC）が運営するサイトで，人工衛星が捉えた海洋情報はじめ NOAA や MODIS のデータをダウンロードできる（ただし，ユーザ登録が必要）。ダウンロードの方法や活用事例なども pdf で提供しているほか，フリー（一部有償）の解析ソフトもここからダウンロードできる。とくにユニークなのは，カレンダーに毎日の富山湾や環日本海の海面水温やクロロフィルの量を表示した画像を閲覧できることである。

　このほか英語であるが米国の NASA から MODIS 等のデータが無料入手できる。

3.2.2　LANDSAT など

　地球観測衛星としては，1972 年に世界で最初に打上げられた米国の LANDSAT の画像は，わが国では有償配布が原則となっている。しかし，米国地質調査所（USGS）では 2008 年 4 月に LANDSATアーカイブデータを無償配布すると発表し，USGS はじめいくつかの検索サイトからすでに無償でダウンロードできる。先に紹介した「環日本海海洋環境協力センター」でも「LANDSAT データ解析マ

26　第Ⅰ部　どうすれば衛星画像を見ることができるか

図 1-3-4　メリーランド大学 GLCF のトップページ

ニュアル」を pdf で用意し，画像データの検索の方法，ダウンロードの方法，解析ソフトの入手法など詳しく書かれているので利用されるとよい．URL は下記のとおりである．
　http://www.nowpap3.go.jp/jpn/case/pdf/LANDSAT_manual_jpn.pdf

　ここでは米国メリーランド大学が LANDSAT データを中心に構築したアーカイブ GLCF（The Global Land Cover Facility）を利用する方法を紹介する．
　step1：GLCF の URL（http://glcf.umiacs.umd.edu/index.shtml）を入力してトップ画面を表示させる（図 1-3-4）
　　　　About GLCF から Site Map まで八つのタグがついている
　step2：このうち Data & Products をクリック　＞　衛星画像や衛星画像からつくった画像の説明画面が表示される
　step3：この説明の中に青い文字で Earth Science Data Interface と書かれたところ，もしくはその右の ESDI のアイコンをクリック　＞　図 1-3-5 の画面が現れる
　　　　ここには地図から探す「Map search」，衛星のパス・ロウから探す「Path / Row Search」，成品から探す「Products Search」がある．ここでは，地図から日本の MSS 画像を探してみる
　step4：「Map search」をクリック　＞　地図検索画面が現れる
　step5：左側のカラムから Landsat Imagery の TM，MSS にチェックを入れ　＞　地図上の画面でほしい所をクリック拡大（地図上の＋を上げてもよい）
　step6：図 1-3-6 の地図の下にあるウィンドウにほしい期間（開始・終了）を入力　＞　地図の右下にある「Update Map」のボタンをクリック　＞　図 1-3-7 が現れる

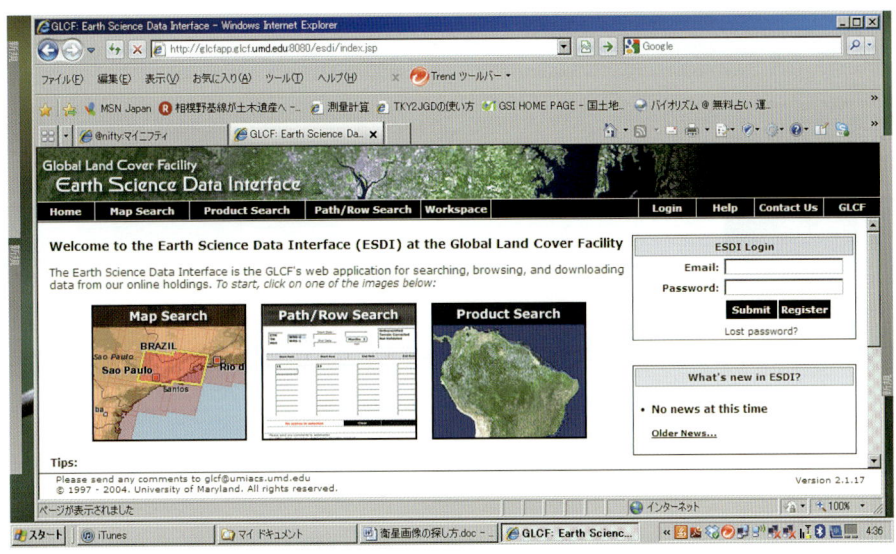

3. 衛星画像データを入手するには　27

図 1-3-5　Earth Science Data Interface の検索サイト

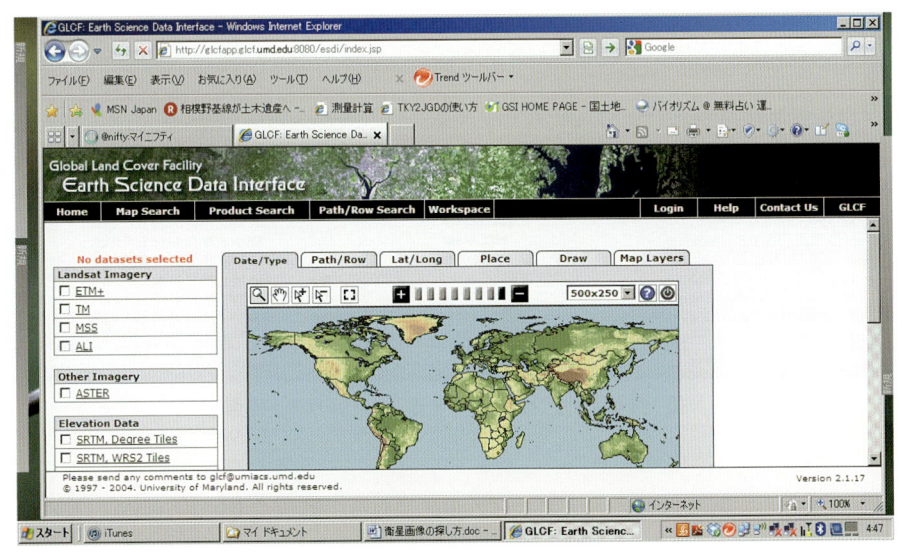

図 1-3-6　地図検索画面

　　画面下のウィンドウにID, Status, パス・ロー, 撮影日, データセット (TMとかMSS) が表示され, 黄色いラインの合成画像が左上に, 地図が右上に表示されるので, 黄色のラインを変えながら検索すればよい
step7：ほしい画面を決めたら合成画像の右側にある「Download」ボタンをクリックするとダウンロードできるファイルリスト (図 1-3-8) 画面が現れる

　　この画面で拡張子に gz がついたものが圧縮された画像データで, 右側にデータ量が表示されている。拡張子に ip3 がついたものは, 画像の座標, 撮影年月日, センサ種別, 太陽角, 処理パラメータ,

28　第Ⅰ部　どうすれば衛星画像を見ることができるか

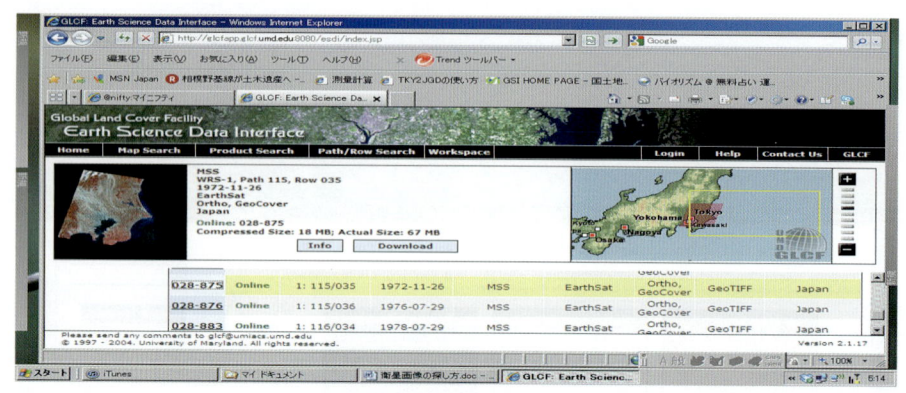

図1-3-7　地図検索の検索結果

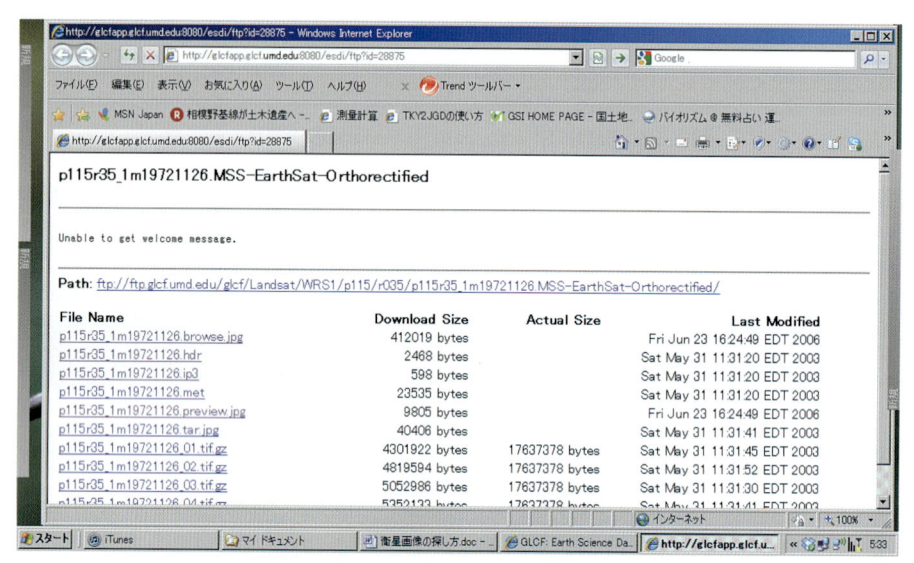

図1-3-8　ダウンロードできるファイルリスト画面

観測状況などの情報を記載したアノテーションデータである。拡張子hdrがついているのはヘッダー情報，拡張子jpgがついているものは縮小画像表示で使われた画像ファイルである。

step8：拡張子にgzがついたところにカーソルを合わせクリック　＞　ダウンロードウィンドウが開きファイルを開くか，保存するか聞いてくる　＞　保存を選び　＞　適当な場所を指定し保存する

　　　　さて，拡張子にgzがついた画像ファイルの解凍である。解凍には，「窓の杜」ソフトウェアライブラリーから「Explzh」などのフリーソフトをインストールしておき，アイコンをデスクトップに置いておく

step9：ダウンロードした拡張子gzがついたファイルをドラッグしてデスクトップのExplzhアイコンに重ねる　＞　解凍がはじまる

step10：ウィンドウが開いて解凍先を聞いてくる　＞　解凍先のホルダーを指定する

解凍されたファイルは拡張子が tif（ジオティフ；GeoTIFF）形式になっている

以上で，衛星画像の入手作業は終了である。

拡張子に ip3 がついたものと拡張子に hdr がついたものはテキストファイルなので，コピーして word かメモ帳に貼り付け名前をつけて保存しておけばよい。また，jpg がついた縮小画像表示ファイルは大きな容量でもないので，マウスを右クリックして「名前をつけて画像を保存」で PC に保存すればよい。これらのファイルは，解凍した拡張子で tif の画像データと一緒に名前をつけて同じホルダーに入力しておくと便利である。

3.3　衛星画像データの購入方法

ここでは比較的安価な衛星画像データの購入方法を示す。国内で安価に購入できる衛星画像データには，JAXA の ALOS 衛星画像と ERSDAC の ASTER 衛星画像データがある。いずれもインターネットのデータ検索ブラウザーから購入できる。

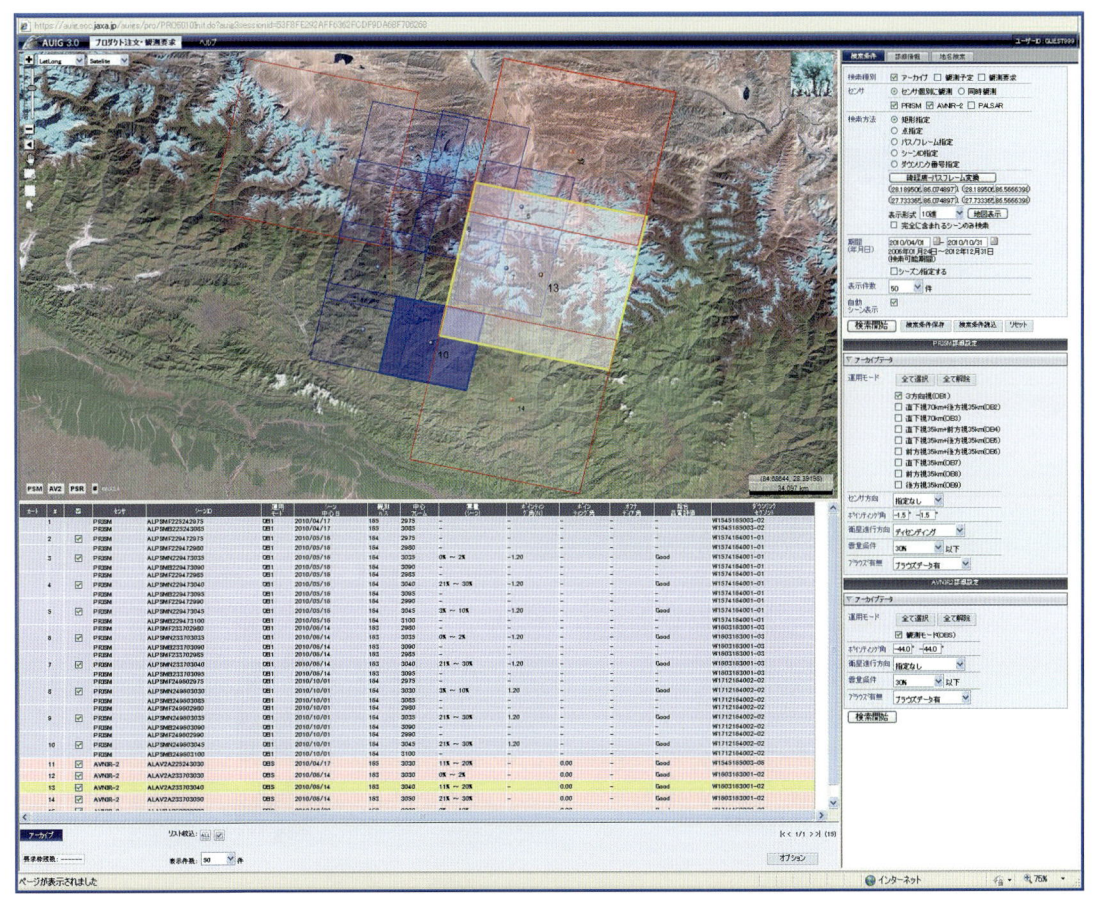

図 1-3-9　検索結果のリストとカバレッジ（JAXA）

3.3.1 ALOS/AVNIR-2, PRISM

検索および注文は AUGI 3.0 のブラウザーから行う。

検索サイトは http://auig.eoc.jaxa.jp/auigs/top/TOP1000Init.do である。

ALOS は 2011 年 5 月で運用終了となり，現在はアーカイブデータのみを販売している。

ゲストでログインし，画面左側のログインユーザサービスの「プロダクト注文・観測要求」をクリックすると，検索画面が表示される。画面左側にある地図上に検索範囲を指定し，画面右側で検索条件に従って各項目を入力する。「検索開始」をクリックすると検索が始まる。

検索結果は該当リストが画面下部に示される（図 1-3-9）。画面右上隅に検索サブ画像が表示されており，ダブルクリックで拡大画面とメタデータが示される。

3.3.2 TERRA/ASTER

ASTER の検索・注文はインターネットから GDS のブラウザーを利用し行う。

URL:http://imsweb.aster.ersdac.or.jp/ims/html

ここでは詳細な手順や説明については別書に譲り，検索の概要を取り上げる。

ASTER GDS 利用窓口システムの「データ検索・プロダクツ注文」をクリックする。

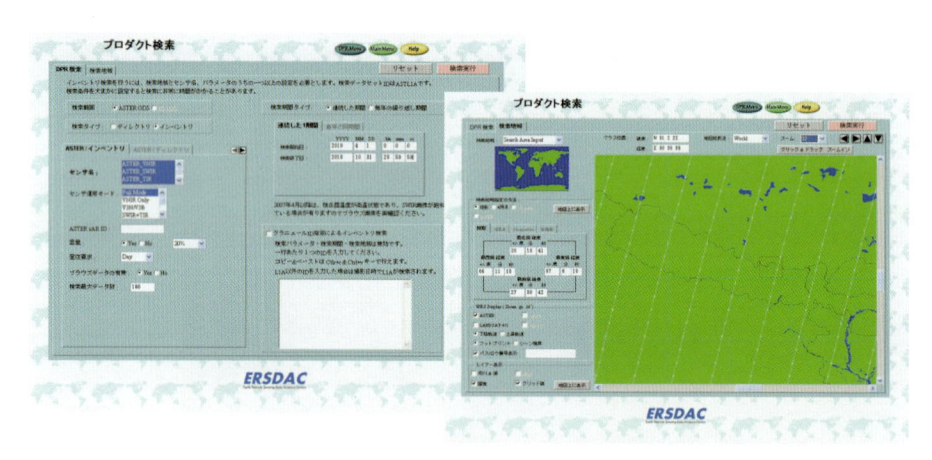

図 1-3-10　ASTER GDS による検索画面

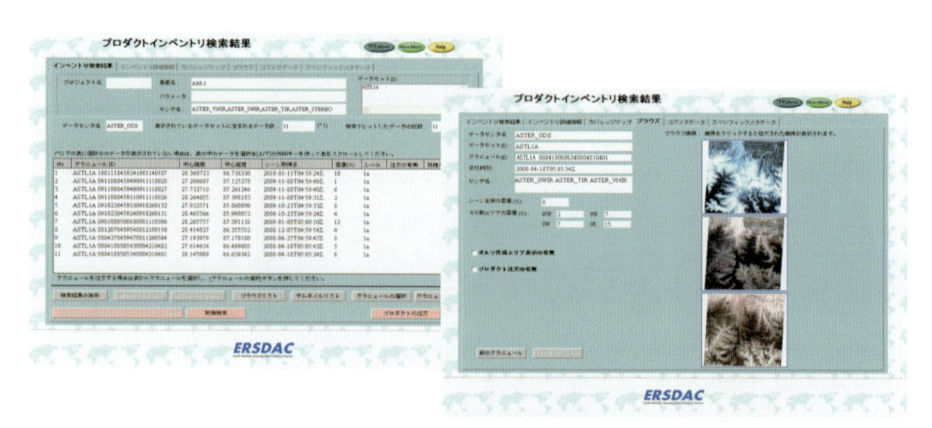

図 1-3-11　ASTER 画像の検索結果

「DPR 検索」タグページでセンサー名や運用モード，雲量，検索期間などを入力する。

「検索地域」タグページでは検索範囲を決定する。国境や河川などを必要に応じ表示させながら行う。すべての設定が終われば「検索実行」をクリックする（図 1-3-10）。

検索結果はプロダクト / イベントリ検索結果画面にリストとして示される。

リストからブラウズに表示するレコードを選択し，リスト上部の「ブラウズ」タグをクリックするとブラウズ画像が示される（図 1-3-11）。

3.4 過去の偵察衛星画像も購入できる

1960 年代から 70 年代にかけて米国が撮影した高分解能偵察衛星の写真画像は，米国地質調査所（USGS）から販売されており，インターネットから購入できる。画像データはフィルム撮影されたものをデジタル化したものであり，画像データのほとんどがモノクロであるが，50 年前の地表を知る貴重なデータとなっている。

高分解能偵察衛星の検索は，USGS の Earth Explorer のホームページ（図 1-3-12）からログインして行えるが，データを購入するにはあらかじめメンバー登録しておく必要がある。なお，偵察衛星以外にも Landsat や ASTER，MODIS などほかの画像検索や注文も行える。

URL: http://edcsns17.cr.usgs.gov/NewEarthExplorer/

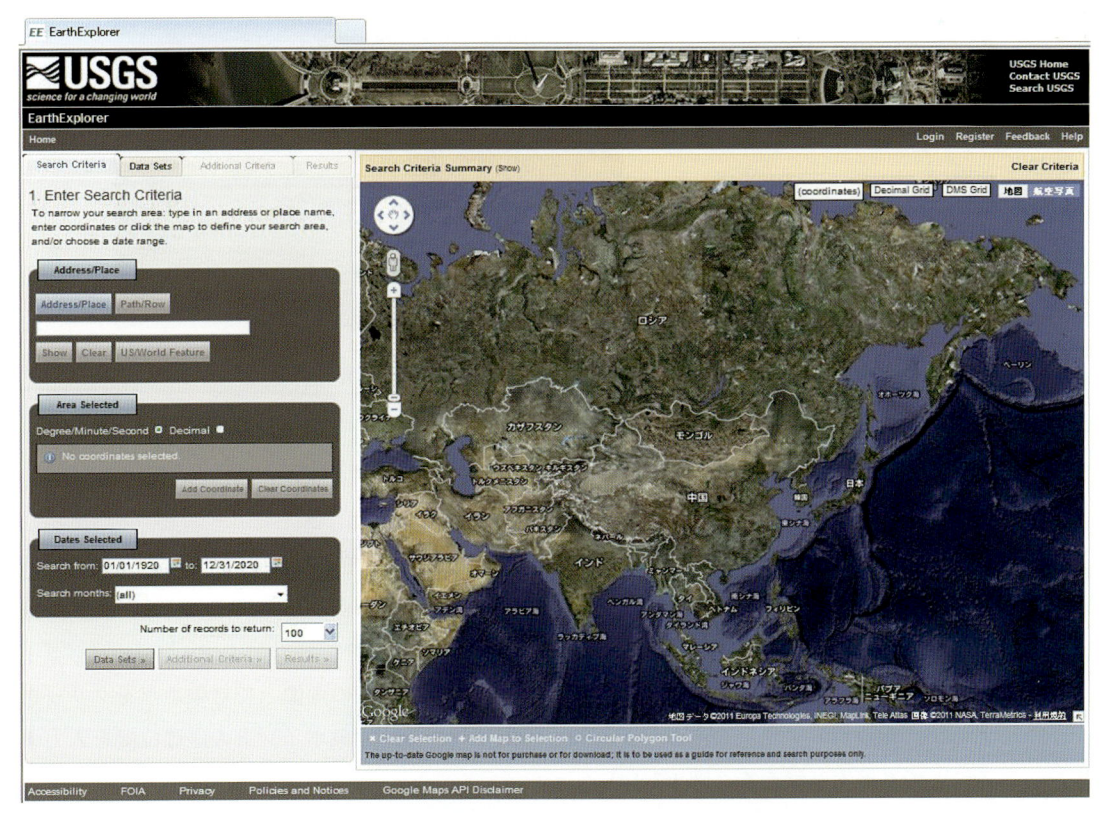

図 1-3-12　Earth Explorer のホームページ（USGS）

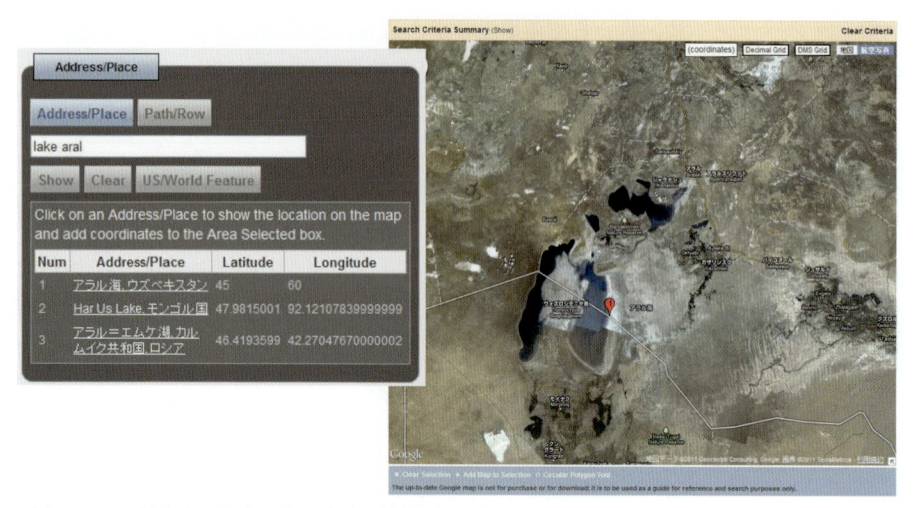

図 1-3-13　地点名の入力による検索と結果（USGS）（Addlees/Place でアラル海を表示した例）

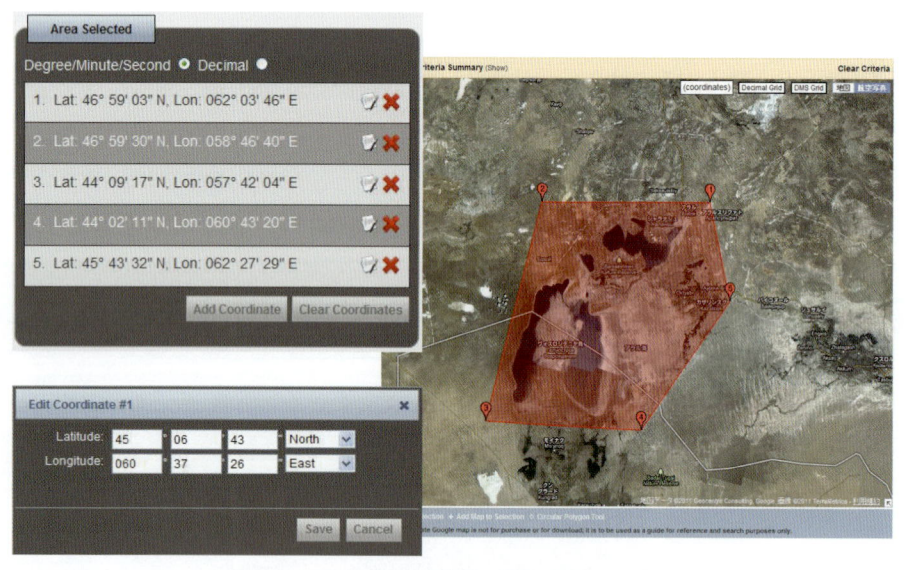

図 1-3-14　地点や検索範囲を設定し検索（USGS）

　ホームページ上部にはデータを絞り込むための検索条件タグ「Search Criteria」，「Data Sets」，「Additional Criteria」と検索結果を表示する「Results」タグがある．
　（1）「Search Criteria」には検索条件として 3 種類の方法が設定されている．
　　（a）Address/Place は検索する場所や対象物の名前，分野などから絞り込み設定が行え，結果は検索リストと右画像中のポイントによって示される（図 1-3-13）．
　　（b）Area Selected は座標位置から絞り込み設定を行う場合で，右の画像上で対象地点をクリックするか，複数点のクリックによる範囲設定で指定できる．対象ポイントの座標位置を入力することでも検索が行える（図 1-3-14）．
　　（c）Dates Selected は検索開始年月日と終了年月日を指定して検索期間を絞り込む（図 1-3-15）．

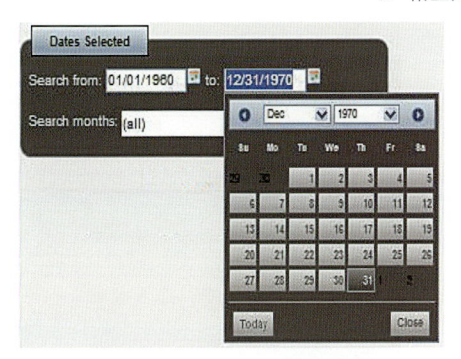

図1-3-15　検索期間の選択画面

（2）「Data Sets」は衛星やデータの種類を決定する（図1-3-16）。

ここではデータセット一覧からDeclassified Dataを選択し，Declass 1（1996），Declass 2（2002）にチェックを入れる。

Declass 1（1996）は，1960～72年の間にCORONA，ARGONおよびLANYARDのコード名が付けられた衛星システムによって撮影された86万枚以上の写真画像である。CORONAに搭載されたKH-4，KH-4AおよびKH-4Bのカメラシステムでは，前後方視2台のカメラで撮影されており，ステレオ視が可能である。

Declass 2（2002）は，1963～80年まで撮られた約5万枚の画像からなる。これらの画像はKH-7とKH-9によって集められている。

詳細は下記ホームページを参照

Declassified Satellite Imagery-1；

http://eros.usgs.gov/#/Find_Data/Products_and_Data_Available/Declassified_Satellite_Imagery_-1

Declassified Satellite Imagery-2；

http://eros.usgs.gov/#/Find_Data/Products_and_Data_Available/Declassified_Satellite_Imagery_-2

タグ下位の「Results」をクリックするとデータの検索が始まる。

（3）「Results」では検索結果が表示される。画面左側には　検索結果のリストが表示され，データをクリックし検索結果リストの　アイコンをクリックすると，画面右側に衛星画像のフットプリントが表示される（図1-3-17）。

サブネール画像をクリックすると拡大画像とメタデータが表示される（図1-3-18）。データの購入にはカートアイ

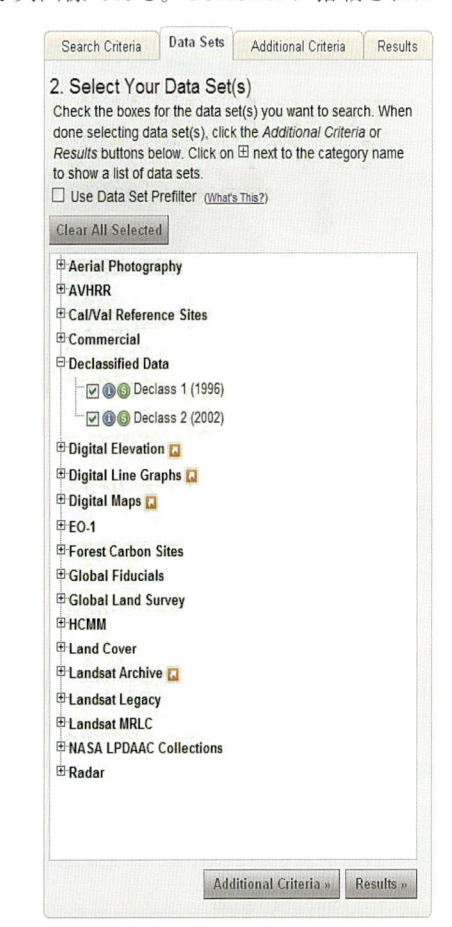

図1-3-16　検索データセット

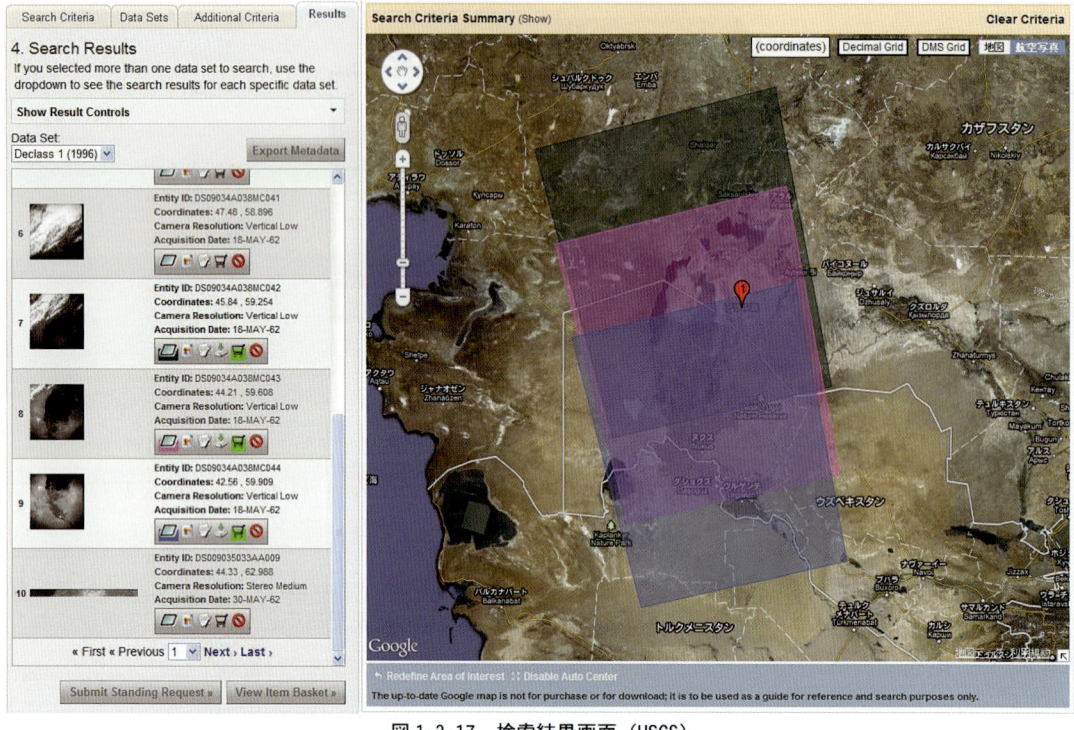

図 1-3-17　検索結果画面（USGS）

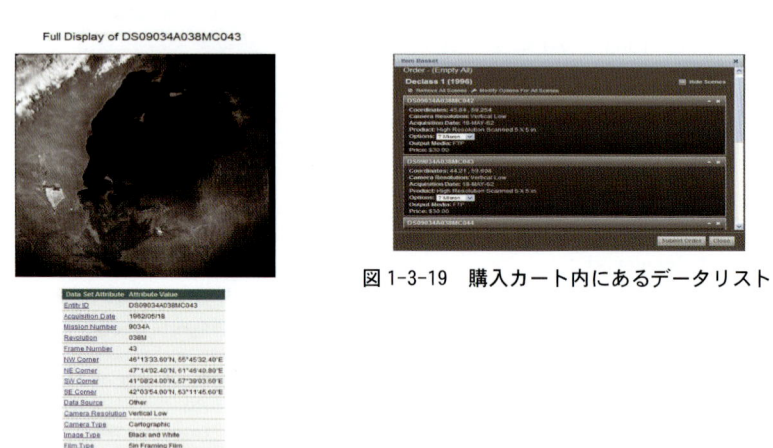

図 1-3-19　購入カート内にあるデータリスト

←図 1-3-18　検索結果の拡大画像とメタデータ

コンをクリックする。　カートの色が変われば購入可能となる。
　さらに　アイコンのダウンロードオプションをクリックしておけば，オンラインにより購入できる。
　購入データが決まれば，タブ下位の「View Item Baskets」をクリックする。購入可能なデータのリスト画面が表示されるので再度確認する（図 1-3-19）。選択データの変更も可能である。
　次に「Submit Order」をクリックすることで購入確認画面に移る。発送先，支払い方法などの確認後に注文が確定する。

3.5 画像データ以外のデータはどう入手するの

　地球を観測する衛星は，それぞれの観測目的によってさまざまなセンサを搭載している。地表面からの電磁波の特性をとらえるための波長帯として，可視域では地表面の外観に，近赤外線は夜間や特定域の判別に，中間赤外線は温度の計測に用いられ，雲などが多い地域では雲を透過するマイクロ波が利用される。一方，衛星から電波を出しそのエコーから地表面の状況を捉えようとする観測も行われており，高度計衛星，ライダー観測などに用いられている。複数の衛星を用いて作成されたDEMデータも提供されている。

　私たちがよく目にする衛星画像は，可視域・近赤外の波長帯を感知するセンサで観測したデータを画像化したものである。しかし，それ以外の熱赤外やマイクロ波領域など目に見えない波長帯で観測したデータでも，コンピュータ処理することでわかりやすい画像として見ることが可能になる。

　このような衛星データは，国家プロジェクトや研究目的で観測され一般に利用されることのないものもあるが，ここでは各データ配布機関や販売代理店で入手可能なデータを取り上げた。

3.5.1 マイクロ波データ（SAR）

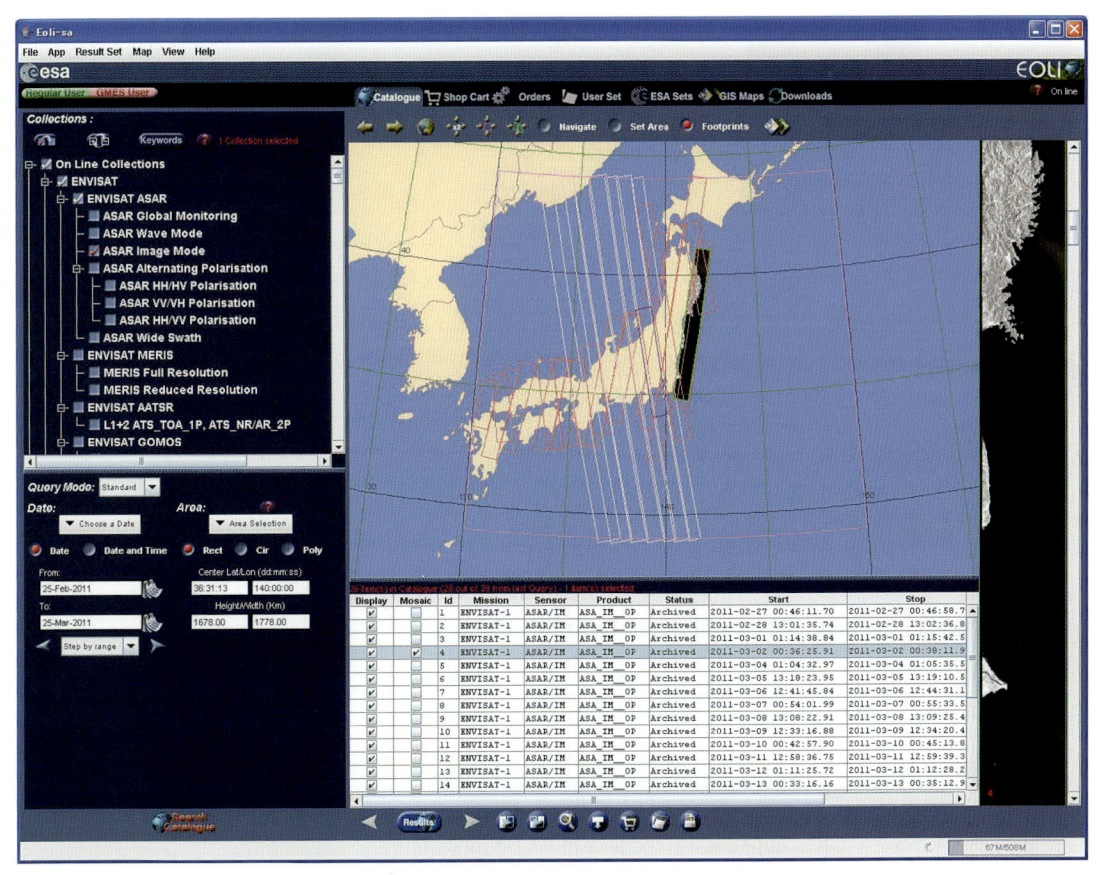

図1-3-20　Eoliデータ検索画面（画面はENVISAT/ASARの検索）（ESA）

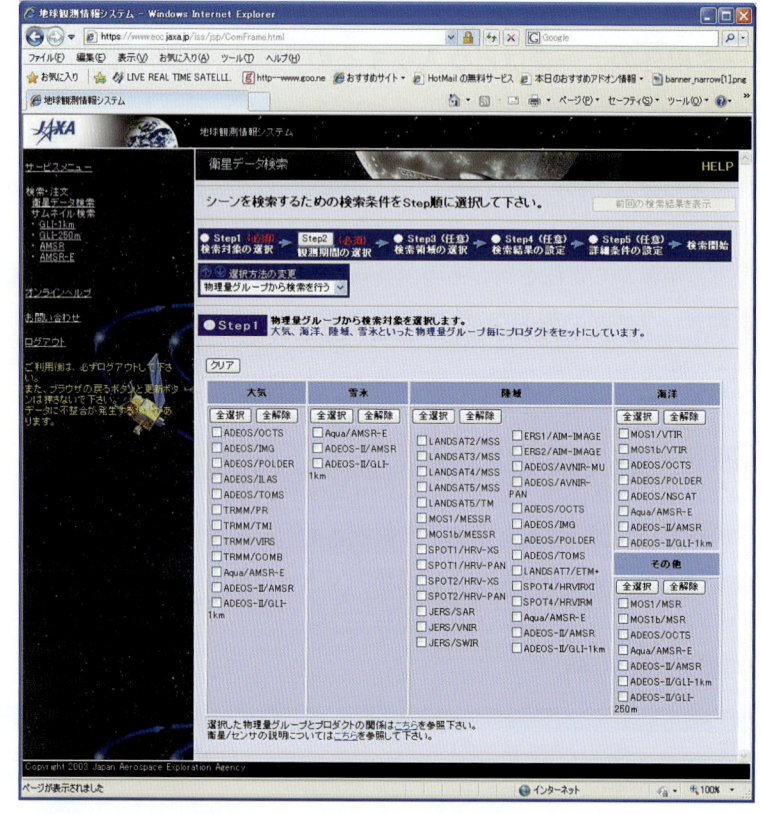

図1-3-21　JAXAの検索・注文画面（JAXA）

　マイクロ波による観測では天候や時間，地域を選ばずデータを得られる。このため光学センサでは観測が困難である夜間や悪天候時での観測データも入手が可能である。

　このデータは下記の衛星運用機関から得られるが，利用には特別な知識やソフトを必要とする。

　マイクロ波による観測データは，光学センサの場合と同様にRESTECのCROSSおよびCROSS-EXオンライン検索＆注文システムから購入できる（前述）。

　CROSSで購入できるマイクロ波データは，JERS-1（SAR），MOS（MSR），ERS（AMI），RADARSATである。

　CROSS-EXではALOS（PALSAR）のみとなる。

RESTEC CROSS-EX　　URL: https://cross.restec.or.jp/cross-ex/topControl.action

そのほかのデータについては下記のサイトからも検索／注文できる。

　(a) ESA Eoli　　URL: http://earth.esa.int/EOLi/EOLi.html

　　Eoli-sa検索／注文ソフトをダウンロードする必要がある。

　　ENVISAT, ERS, Landsat, IKONOS, DMC, ALOS, SPOT, Kompsat, Proba, JERS, IRS, Nimbus, NOAA, SCISAT, SeaStar, Terra/Aquaなど光学センサ，マイクロ波センサのデータの検索／注文が可能である（図1-3-20）。

　(b) JAXA ISS　　URL: https://www.eoc.jaxa.jp/iss/jsp/index.html

　　注文には登録が必要となる。

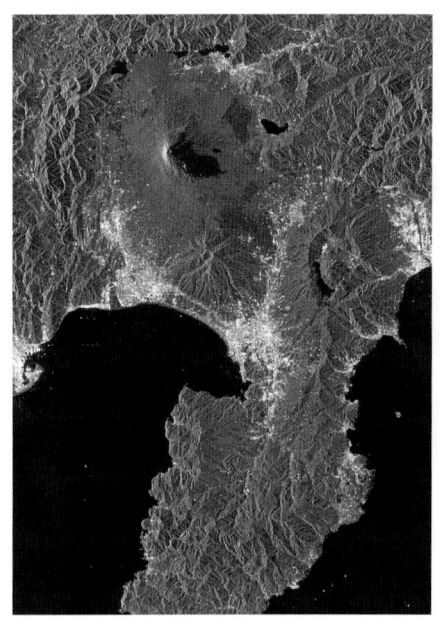

図 1-3-22　富士山と伊豆半島（ERS-1；JAXA）

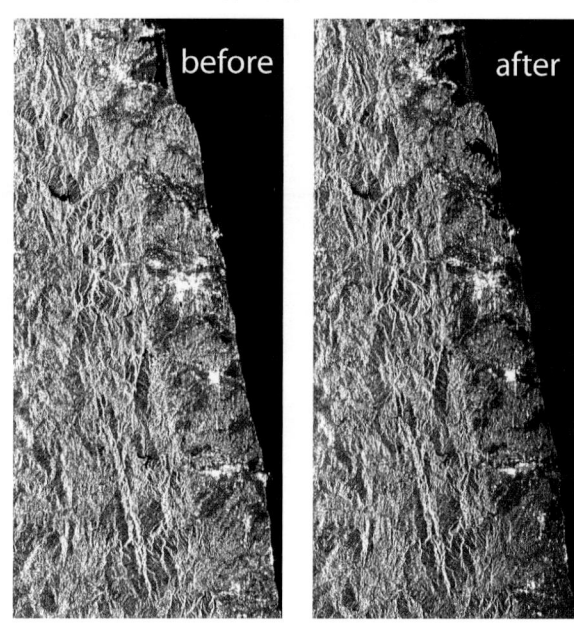

図 1-3-23　東日本大震災　相馬市太平洋沿岸地域（JAXA）
ALOS/PALSAR（before 2009.1.21，after 2011.3.14）

3.5.2　立体地形データ（DEM）

衛星データより作成され提供されている世界規模の DEM には，GDEM（Global Digital Elevation Model），SRTM（Shuttle Radar Topography Mission）などがある。それぞれ異なる方法で取得されたデータを用いて作成されている。

GDEM は Terra 衛星に搭載されたセンサ ASTER で異なる方向から撮影された画像を利用して作成された 30m 間隔のメッシュデータである。

提供データは下記サイトで登録後に無料でダウンロードできる。

ASTER GDEM　　　URL: http://www.gdem.aster.ersdac.or.jp/index.jsp

SRTM はスペースシャトルからレーダ観測により得られたデータをもとに作成されている。データ間隔は約 90m（3 秒メッシュ）であるが，有料で精度のよい約 30m（1 秒メッシュ）も提供されている。作成・配布機関は NASA と USGS である。

下記サイトより無料でダウンロードできる。

SRTM　　　URL://http://dds.cr.usgs.gov/srtm/

［参照］URL：http://www2.jpl.nasa.gov/srtm/

なお，地形図等から作成された DEM には，30 秒メッシュ（約 1km メッシュ）間隔で作成された GTOPO30 が USGS のサイトからもダウンロードできる。

URL: http://eros.usgs.gov/#/Find_Data/Products_and_Data_Available/Elevation_Products

そのほかドイツ航空宇宙センター（DLR）と民間会社とのパートナーシップによる SAR 衛星 2 機（TanDEM-X，TerraSAR-X）による解像度 12m の世界規模のデジタル標高モデルの作成が進められて

図 1-3-24 TerraSAR-X と TanDEM-X の DEM から作成された 3D 画像（DLR）

いる．2014 年の利用開始を目指している（図 1-3-24）．

[参照] URL: http://www.dlr.de/hr/en/desktopdefault.aspx/tabid-2317/

3.5.3 高さのデータ

高度計データ衛星は衛星から地表面へのレーダーパルスの往復の時間を測定することで，衛星から目標面までの距離を測定できる．また，そのエコー（波形）の大きさと形は反射を引き起こした表面

図 1-3-25 AVISO CNES Data Cente のホームページ
検索／注文には登録が必要である．

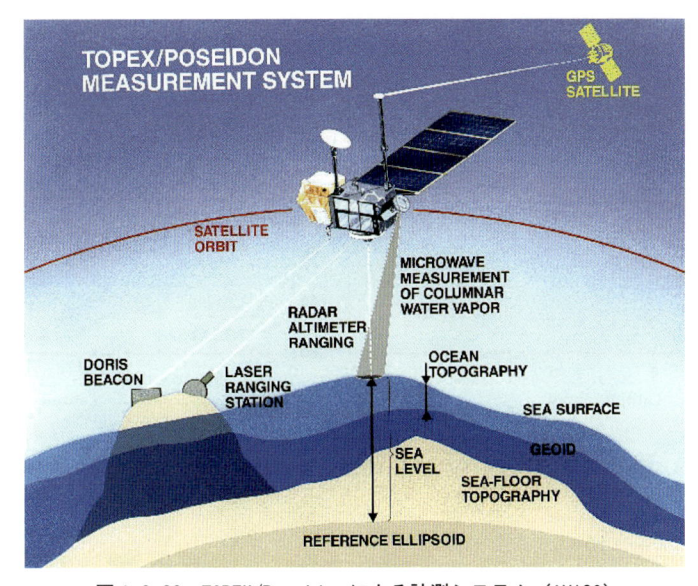

図1-3-26　TOPEX/Poseidonによる計測システム（AVISO）
衛星軌道を正確に追跡するためにドリスシステムよる位置決定を行っている．

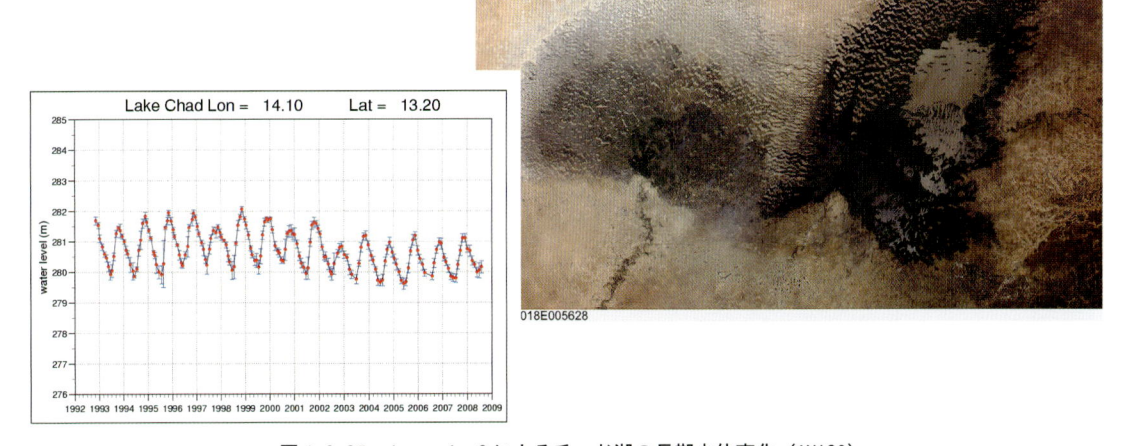

図1-3-27　Jason-1，2によるチャド湖の長期水位変化（AVISO）
1960年頃からの急激な水位低下の後，1990年代には大きな変化はなく，季節変化が繰り返されている．

の特性の情報を含んでおり，反射面の状態を知ることができる。

　マイクロ波高度計が搭載された衛星には，ENVISAT，TOPEX/Poseidon，Jason-1,2，ERS-1,2などがある。TOPEX/PoseidonおよびJason衛星では誤差4〜5cmでの観測が行われている（図1-3-26）。

　観測データは下記のサイトから入手可能である。

　URL: http://aviso-data-center.cnes.fr/ssalto/buildDataTreePage.do
　　　ftp://podaac.jpl.nasa.gov/pub/sea_surface_height/topex_poseidon/mgdrb/

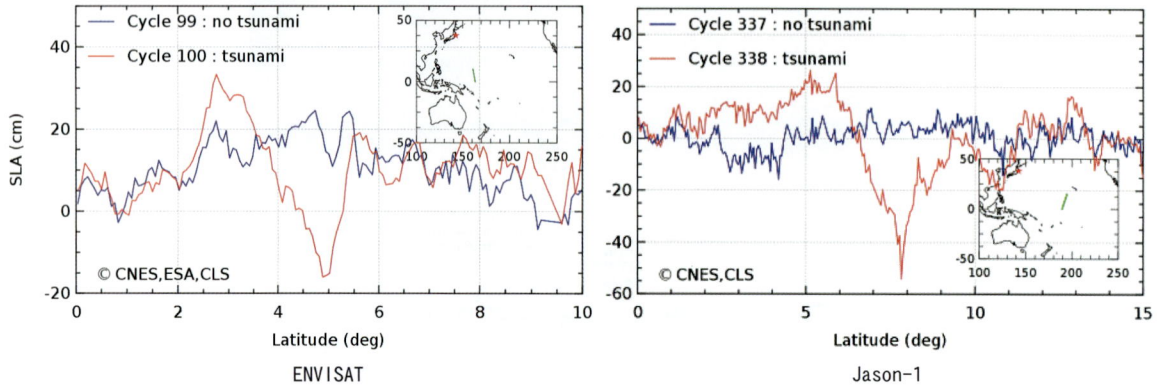

図 1-3-28　ENVISAT と Jason-1 で観測された東日本大地震の津波による海面変化（AVISO）

マイクロ波高度計による観測例を紹介する。

衛星に搭載されているマイクロ波高度計は 2004 年 12 月インド洋大津波，2010 年 2 月チリ津波を観測しており，2011 年 3 月 11 日の東日本大震災で起こった津波についても二つの衛星によって観測された（図 1-3-28）。ENVISAT は津波発生後 5 時間 25 分後に西部太平洋熱帯域上空で振幅 50 cm（左図），Jason-1 は津波発生後 7 時間 45 分後に北太平洋上空で振幅 60 cm（右図）の津波を観測した。

【コラム】

　リモートセンシングには観測する電磁波帯によって三つに区別される。太陽（放射源）から地表面（対象物）で反射した電磁波（可視－近赤外線）を観測するもの，地表からの熱放射（熱赤外線）を観測するもの，地表から放射されるマイクロ波や衛星から発信したレーダの後方散乱によるマイクロ波を観測するものがある。

　対象物からの放射を受信観測するセンサは，大きく分けて光学センサとマイクロ波センサに区分される。マイクロ波センサはさらに受動型と能動型に分けられる。

　地球観測衛星の多くが複数のセンサを搭載しており，それぞれデータを収集している。下図は，センサの種類別におもな衛星を整理したものである。

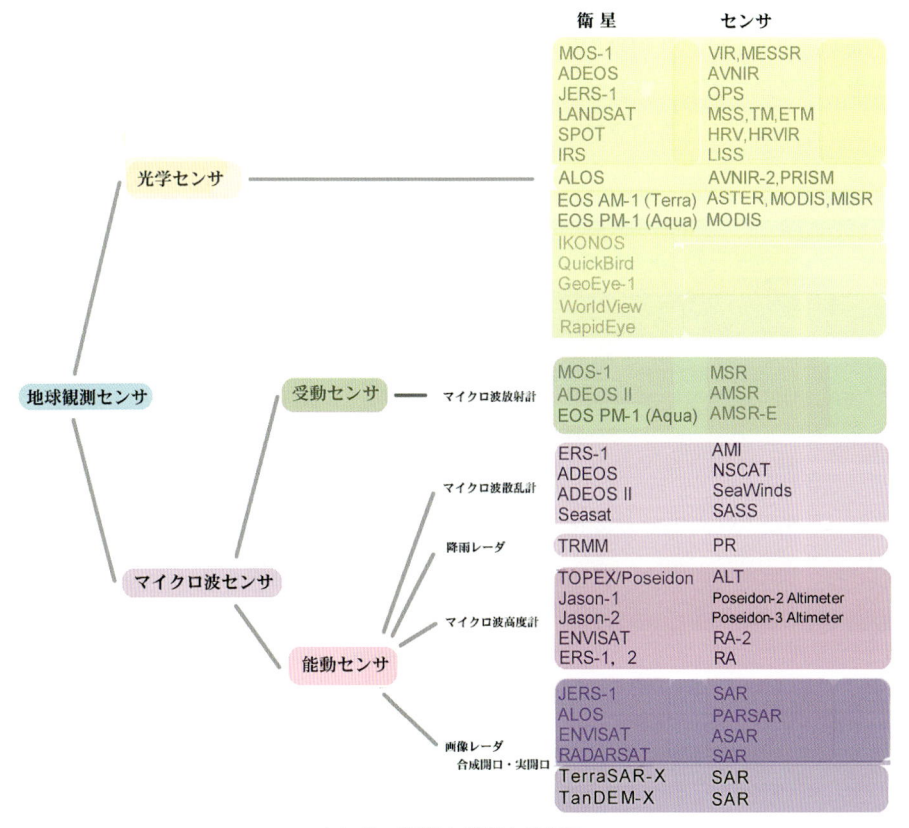

分類	衛星	センサ
光学センサ	MOS-1	VIR, MESSR
	ADEOS	AVNIR
	JERS-1	OPS
	LANDSAT	MSS, TM, ETM
	SPOT	HRV, HRVIR
	IRS	LISS
	ALOS	AVNIR-2, PRISM
	EOS AM-1 (Terra)	ASTER, MODIS, MISR
	EOS PM-1 (Aqua)	MODIS
	IKONOS	
	QuickBird	
	GeoEye-1	
	WorldView	
	RapidEye	
受動センサ／マイクロ波放射計	MOS-1	MSR
	ADEOS II	AMSR
	EOS PM-1 (Aqua)	AMSR-E
能動センサ／マイクロ波散乱計	ERS-1	AMI
	ADEOS	NSCAT
	ADEOS II	SeaWinds
	Seasat	SASS
降雨レーダ	TRMM	PR
マイクロ波高度計	TOPEX/Poseidon	ALT
	Jason-1	Poseidon-2 Altimeter
	Jason-2	Poseidon-3 Altimeter
	ENVISAT	RA-2
	ERS-1, 2	RA
画像レーダ 合成開口・実開口	JERS-1	SAR
	ALOS	PARSAR
	ENVISAT	ASAR
	RADARSAT	SAR
	TerraSAR-X	SAR
	TanDEM-X	SAR

センサの種類と搭載する衛星

光学センサを搭載する衛星は観測波長帯域や解像度によってそれぞれ異なっている．マイクロ波センサは地表面から自然に放射されているマイクロ波をとらえる受動型センサと，観測衛星に載せたセンサからマイクロ波（電波）を発射し，地表面から反射されるマイクロ波をとらえる能動型センサがある．

4. 画像処理はどうするの

4.1 衛星画像を見るには

　ダウンロードした衛星画像を見るには，「ビューワ」と呼ばれる画像表示ソフトが必要になる。「ビューワ」は大学や画像解析メーカーが機能限定で無償提供するケースが多かったが，最近はバージョンアップのあと無償提供をやめるケースが増えている。ここでは2011年2月現在で使えたフリーソフト ERDAS View Finder 2.1 について示す。
　ERDAS View Finder 2.1 は，ERDAS 社が開発したもので TIFF 〜 IMG 変換や投影変換，画像強調できるのが特徴である。ただし，英語版でありフリーのものは画像の保存やカラー合成など一部の機能は使えない。ダウンロードは事前登録し，次の URL からできる。

http://geospacial.intergraph.com/products/erdasimagine/ERDASViewFinder2.1/Downloads.aspx

4.2 ERDAS View Finder 2.1 を使ってみよう

　ダウンロードしたソフトを実行形式に変換するとアイコンがデスクトップにつくられる。
- step1：それをクリックすると図 1-4-1 のようなウィンドウが現れる
- step2：ツールバーのファイルをクリック
  ＞ ファイル入力のダイアログが出る ＞ 第 I 部 3.2 節でダウンロードした時に指定したフォルダを指定 ＞ ファイルを一つ選びクリックする
- step3：指定したファイルが三つのウィンドウに表示される（図 1-4-2 衛星画像の表示）

　左上の画像が「ロケーションビュー」で衛星画像全体を示している。右側の画像が「メインビュー」で，ロケーションビューの

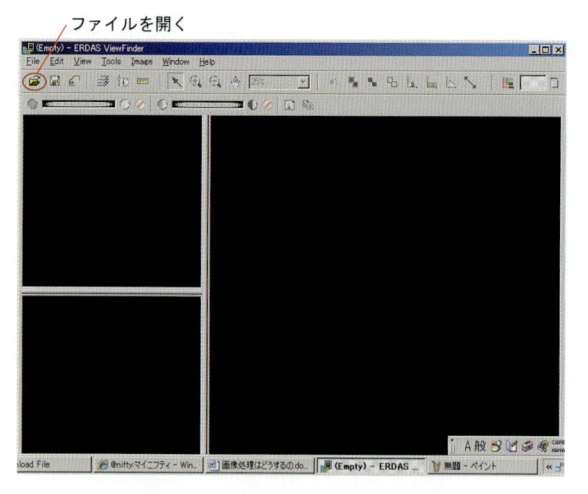

図 1-4-1　View Finder のウィンドウ

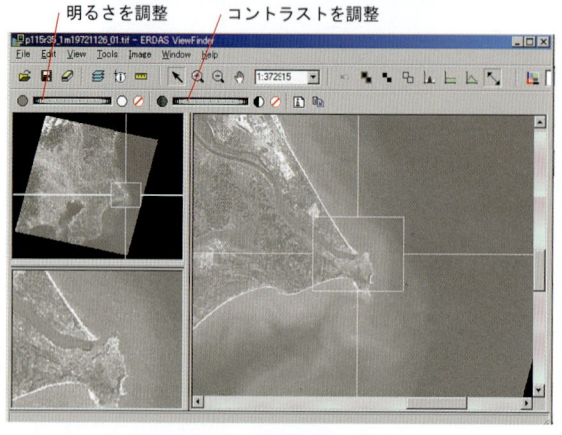

図 1-4-2　衛星画像の表示

中に表示されている四角い枠の部分が拡大され表示される。左下の画像はメインビューの中に表示されている四角い枠の部分がさらに拡大されて表示されている。ロケーションビューとメインビューの中の枠はマウスでつかみ移動させることができるし，枠を広げることもできる。

衛星画像のローデータは，濃度ヒストグラムが狭いので暗いのが普通だが，このソフトでは自動的にコントラストが引き伸ばされ，見やすい画面で表示される。それをファイルを開く時に，確かめてみよう。

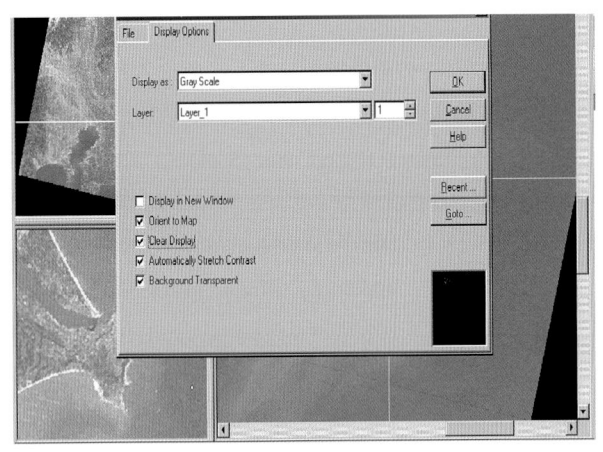

図 1-4-3　画像を開くダイアログ

step1：ツールバーのフォルダのアイコンをクリック　＞　画像を開くダイアログが現れる　＞　Display Options のタグをクリックすると図 1-4-3 が表示される

すべてにチェックが入っている。下から 2 番目は Automatically Stretch Contrast である。このチェックをはずしてファイルを開くと，真っ黒な画像が出てくる。このほか，このソフト上ではツールバーのダイアルを使って明るさ（左）とコントラスト（右）を調整することができる。アイコンで用意されているものでは画像の先鋭化，エッジ強調，ヒストグラムエコライズなどの処理ができるが，そうした結果はファイル保存できない。保存したければ PC のプリントスクリーンでクリップボードにコピーし，ペイントなどに貼り付けるしかない。もう一つの特徴は，ツールバーの 2 番目フロッピー型のアイコン（Save to New File）があり，これをクリックすると TIFF の画像を IMG 変換して保存できる。

4.3　画像処理をするにはどうするの

いま見てきたビューワでも多少の画像処理や解析ができるが，カラー合成や分類あるいはエッジ強調といった解析をするには，もう少し機能の充実したビューワや汎用画像ソフトが必要である。そうしたものをいくつか紹介する。

4.3.1　フォトショップでも画像処理ができる

汎用画像ソフトとして Photoshop や Photoshop Elements は有名である。通常はグラフィックスや CG 製作に使われているが多様な機能を備えているので，リモートセンシングの画像処理・解析にも十分使える。画像表示だけでなく，濃度ヒストグラム表示，濃度補正，カラー合成，シュードカラー表示，画像変形による幾何補正，画像の階調化，フィルタリング，画像間演算，画像分類とリモートセンシングの解析の大部分がこれでできる。これらについては筆者らの前書『新版 フォトショップによる衛星画像解析の基礎』（古今書院）に詳しく記載したので，それを参考にしてほしい。ただし，このソフトは有償である。

4.3.2 フリーの画像解析ソフトを手に入れよう

無償で多機能のビューワのうちリモートセンシングの画像処理・解析によく使われているものに，GRASS，MultiSpec，HyperCube，SeaDas，TNTlite，RSP等がある。これらのダウンロード先のURLを次に示しておく。

GRASS：	http://grass.fbk.eu/download/index.php
MultiSpec：	http://www.affrc.go.jp/satellite/MultiSpec/
HyperCube：	http://www.agc.army.mil/Hypercube/index.html
SeaDas：	http://seadas.gsfc.nasa.gov/
TNTlite：	http://www.microimages.com/downloads/tntmips.htm
RSP：	http://www.cite.co.jp/software_info/rsp/rsp2.html

この中でSeaDASとGRASS，MultiSpecについては第I部3.2節で書いた「環日本海環境ウォッチ」のホームページからダウンロードできるだけでなく，ダウンロード・インストール方法および画像表示方法がpdfで用意されている。また，MultiSpecについては「LANDSATデータ解析マニュアル」（pdf）の中で使い方が詳細に書かれているので，参照されるとよい。

米軍の地形技術研究センターで開発されたHyperCubeについては，『地理空間情報工学演習』（日本リモートセンシング研究会編：㈶日本測量協会　刊行）の第4章に画像表示，濃度変換，ヒストグラム平滑化，カラー合成，バンド間演算，レベルスライス，二値化処理など使い方が詳述されているので，参照されるとよい。

TNTliteは米国のマイクロイメージ社が開発したTNTmipsの機能限定版でGISにも使用できる。日本の㈱オープンGIS社が日本語のチュートリアルマニュアルも出版しているが，フリー版は衛星画像を圧縮しないと使えないのが難点である。

4.4 画像解析をやってみよう

ここでは㈱建設技術研究所が無償で提供しているRSP Ver.1.11を使うことにする。衛星画像もフルシーンで扱えるし，いろいろな画像処理機能もあり，日本語のマニュアルも用意されているので有用である。

このソフトで扱う画像データはWindowsアクセサリーのペイントや他のペイント系ソフトで扱えるように，主としてビットマップ形式（BMP）の画像を対象につくられている。勿論，このソフトにはBMP形式に変換するソフトも組み込まれている。以下にLANDSAT MSSデータを用いて紹介していく。

4.4.1 ソフトのインストールと起動

step1：まず，readmeに従ってインストールし，アイコンをクリックして起動する　＞RSP.exeのアイコンをクリックすると図1-4-4の画面が出てくる

画面の上段が「メニュー部」で，このソフトの実行メニューが並んでいる。画面の中央白い部分が「画像表示部」で，ここに画像が表示される。表示画像の大きさ（幅，高さ）が超えた場合には，スクロー

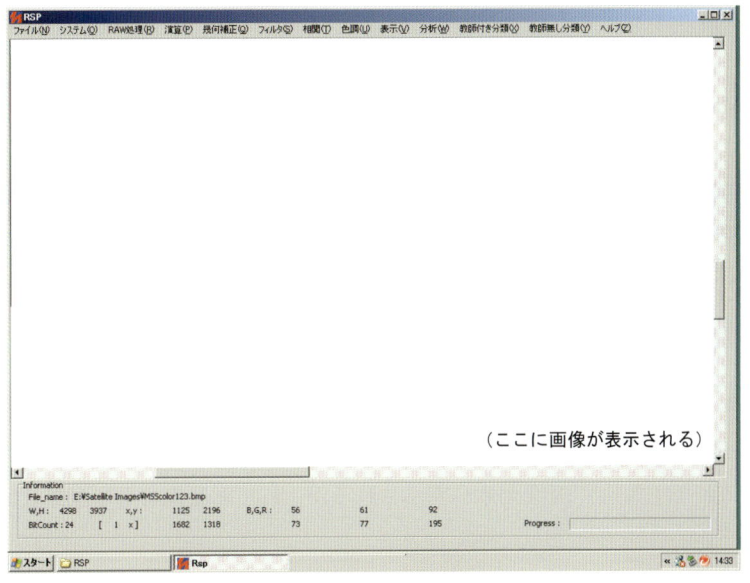

図 1-4-4　RSP の画面構成

ルバーが出てくる。下段が「情報表示部」で画像のファイル名，画像の幅（W）・高さ（H），カーソル位置（x, y），カーソル位置の BGR 値（青色値・緑色値・赤色値），画像のビットカウント値，倍率が表示される。

そこで，まずダウンロードした衛星画像を BMP 形式に変換してみる。変換できるのは 1 バンドのみである。

4.4.2　画像データのフォーマット変換

step1：メニュー画面のファイル（図 1-4-5） ＞ フォーマット変換をクリック ＞ フォーマット変換のダイアログが現れる（図 1-4-6）

step2：TIFF（GeoTIFF）をクリック ＞ TIFF（8bit）→ BMP をクリック ＞ 衛星画像の保存してあるフォルダを指定する ＞ 「開く」をクリック

step3：保存先のフォルダとファイル名を聞いてくる ＞ ウィンド

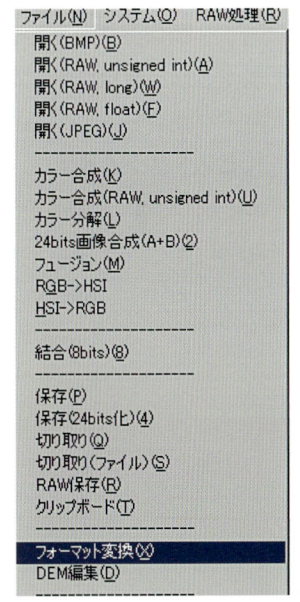

図 1-4-5　フォーマット変換

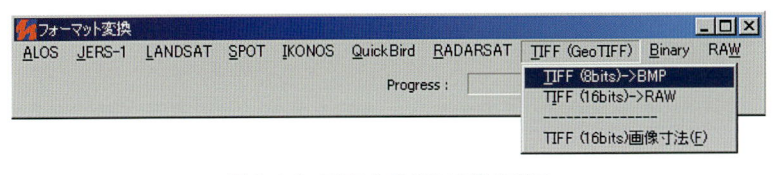

図 1-4-6　TIFF から BMP 変換を指示

図 1-4-7　変換終了

46　第Ⅰ部　どうすれば衛星画像を見ることができるか

ウにファイル名を書き入れ＞OKをクリック　＞　変換作業（Progressが表示され，終了すると図1-4-7の表示がでるので，OKをクリック

LANDSATのMSS画像は4バンドあるので，以上の作業を4回繰り返したらフォーマット変換のダイアログは閉じる。画像を表示させてみよう。

4.4.3　画像の表示・移動，色調調整

まず，フォーマット変換したファイルを開く。

＜画像表示＞

step1：メニュー画面のファイル（図1-4-5）＞　開く（BMP）（B）をクリック　＞　保存されているフォルダが開く　＞　開きたい画像ファイル名をクリック　＞　右側に開こうとしている画像が表示される　＞　開くボタンをクリック　＞（下のウィンドウに画像ファイル名を書き入れてもよい）画像全体が表示されるが，Full画面の左上（座標0,0）から表示されている

全体画像を見るには，スクロールバーを動かし見てもよい。

step2：メニュー画面から　＞　表示をクリック　＞　全体表示をクリック　＞　別ウィンドウで画像全体が表示される

表示された画像は原画像なので，濃度ヒストグラムが偏っていて暗い画面である。この画像の濃度ヒストグラムを表示してみる。

＜ヒストグラム表示＞

step1：メニュー画面から　＞　色調　＞　ヒストグラム　＞　表示ウィンドウが現れる

step2：ヒストグラムフォームのメニューから　＞　表示　＞　四つの選択肢が表示される

　　　　　　　Blueヒストグラム
　　　　　　　Greenヒストグラム
　　　　　　　Redヒストグラム
　　　　　　　表示クリア

いま開いている画面はMSS_01（緑のバンド）なのでGreenヒストグラムを選択すると，図1-4-8のように表示される。1目盛り10階調で最大255を示している。縦軸はピクセル数である。モノクローム画像の場合，BlueをヒットしてもRedをヒットしてもグラフの色が変わるだけで形態はかわらない。

step3：ヒストグラムフォームのメニューから　＞　表示　＞　表示クリア　＞　グラフが消える

step4：ヒストグラムフォームのメニューから　＞　ファイル　＞　CSV出力を選ぶと保存先を聞いてきて，そこにファイル名を指定するとCSV形式で0～255階調のピクセル数が表示

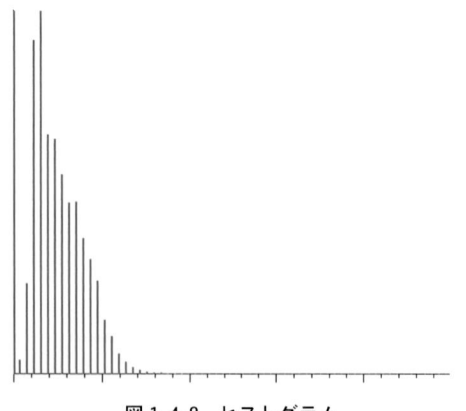

図1-4-8　ヒストグラム

される．モノクローム画面ではBlue，Green，Redとも同じ値が示される

次に暗い原画像を見やすい画像にしてみる．このソフトではリニアエンハンスメント処理がプログラムされている．

<色調調整：自動>

step1：メニュー画面から ＞ 色調 ＞ 自動色調調整（L）をクリック ＞ 見やすい画像になった（また全体表示で見てみる）

自動色調調整の場合，デフォルトではLowおよびHighともに0と125を除く全体の0.2％に相当する値が設定されている．これでは未だ見にくいという場合にはこの値を変えてみるとよい．

step2：メニュー画面から ＞ システム ＞ 自動色調調整設定 ＞ 設定ダイアログ＞ ウィンドウのプルダウンで設定値を選択 ＞ OK

<色調調整：手動>

step1：メニュー画面から ＞ 色調 ＞ 色調調整（M）をクリック ＞ 色調調整ダイアログが現れる

step2：モノクローム画像ならば色調調整（M）のウィンドウにLow, Highの値を入力 ＞ OK

ここで入れる値は各画像のヒストグラムを参照して決める．図1-4-9ではLowに4，Highに125が指定されている．色調調整ダイアログの「自動」をクリックすると自動計算されたLow値，High値が表示される．

最後に色調調整した画像を上書き保存しておく．

step3：メニュー画面から ＞ ファイル ＞ 保存 ＞ 同じファイル名をクリック ＞ OK

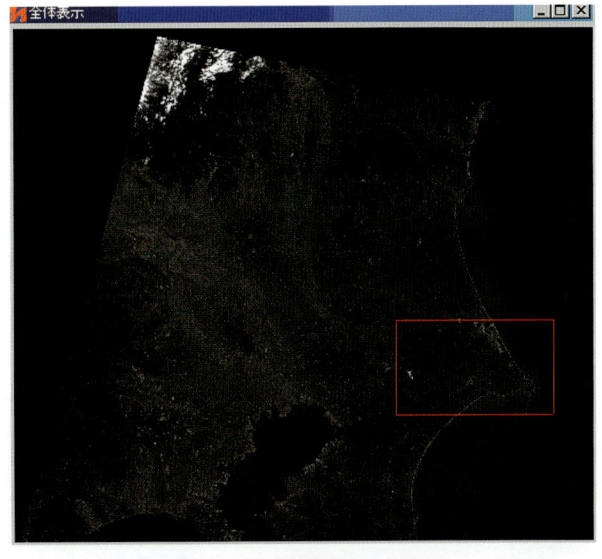

図1-4-9 色調調整された画像

<画像表示面の移動>

表示した画像の場所を移動する方法は，

step1：全体表示させた画像上で移動したい場所に＋のカーソルをクリック

step2：メニュー画面から ＞ 表示 ＞ 移動をクリック

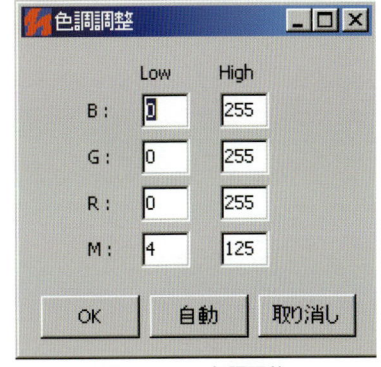

図1-4-10 色調調整

48　第Ⅰ部　どうすれば衛星画像を見ることができるか
　　　　　＞　＋カーソルでクリックした場所を中心とした画面が表示される

　このほか表示させた画面の縮尺を変えて表示するには，ズームインとズームアウトがある．2倍もしくは1/2倍の画像が表示できる．
　example メニュー画面から　＞　表示　＞　ズームアウトをクリックすると1/2に縮小された画像が表示される．
　また，表示からズームを選ぶと
　step1：メニュー画面から　＞　表示　＞　ズーム　＞　ズームダイアログが現れる
　step2：ダイアログに表示原点（ORGx，ORGy）を入力　＞　倍率をプルダウンメニューから選ぶ
　　　　　＞　OK　＞　ズーム画像が表示される

4.4.4　カラー合成

　カラー合成画像を作成してみよう．このソフトでは三つの8ビット画像（衛星画像データ1バンド）にそれぞれBlue，Green，Redを割り当てる．

　step1：メニュー画面から　＞　ファイルをクリック　＞　プルダウンからカラー合成をクリック
　step2：ファイルオープンダイアログが「Blueファイルを開く」が表示される　＞　ここで青色をつける画像ファイルを選択し　＞「開く」をクリック
　step3：ファイルオープンダイアログが「Greenファイルを開く」が表示される　＞　ここで緑色をつける画像ファイルを選択し　＞「開く」をクリック
　step4：ファイルオープンダイアログが「Redファイルを開く」が表示される　＞　ここで赤色をつける画像ファイルを選択し　＞「開く」をクリック
　step5：ファイルセーブダイアログ「保存先ファイル名を指定する」が表示される　＞　ここで保存先フォルダとファイル名をキーボード入力　＞「保存」をクリック画面上にカラー合成画像が表示され，入力したファイル名で画像が保存される

　図1-4-11は，LANDSAT MSSのバンド1に青，バンド2に緑，バンド3に赤をつけ，フォールスカラー合成をした結果である

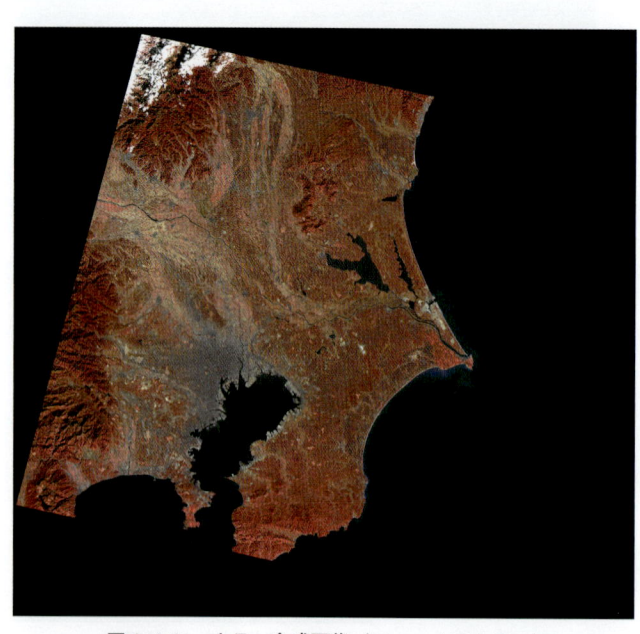

図1-4-11　カラー合成画像（フォールスカラー）

4.4.5 画面の切り出し

表示された画像の中から一部分を切り出してみる。ここでは利根川河口を対象にした。

step1：メニュー画面から ＞ ファイル ＞ 切り取りをクリック ＞ ダイアログが表示される（図 1-4-12）

step2：切り取る画像の左上と右下の座標をウィンドウに入力 ＞ OK ＞ 保存先とファイル名を聞いてくる

step3：ファイル名を入力 ＞ OK ＞ 指定した保存先にファイルがつくられ ＞ 保存終了の画面が現れる ＞ OK 青のバンド同様に緑のバンドと赤の IR バンドも同じ範囲で切出す

4.4.6 2値化画像作成

切出した IR 画像を開き 2 値化画像をつくる。ヒストグラムを表示させ海と陸の閾値を探る（この場合 30 と推定）。

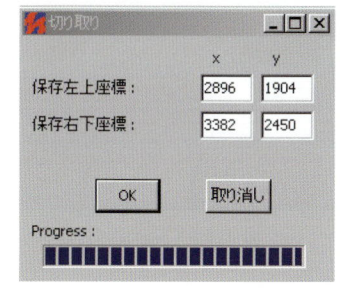

図 1-4-12　切り取りダイアログ

step1：メニュー画面から ＞ 色調 ＞ 色調調整（M）をクリック ＞ 色調調整ダイアログが現れる

step2：モノクローム画像ならば M のウィンドウに閾値を入れる。ここでは Low に 30 ＞ High に 31 値を入力＞ OK ＞ 2 値化画像が表示される（陸が白，海が黒）マスク版をつくるために白黒逆転させる

step3：メニュー画面から ＞ 色調 ＞ 色調調整 ＞白黒交換（X）＞ 逆転した画像ができる（図 1-4-13）

step4：メニュー画面から ＞ ファイル ＞ 保存＞ファイル名を入力 ＞ OK

図 1-4-13　白黒交換したマスク

4.4.7 マスク処理

先に切出した緑のバンドを対象にマスク処理をする。

step1：メニュー画面から ＞ フィルタ ＞ マスク処理 8 ビット（B）＞ ファイルオープンダイアログが開く

step2：対象ファイルを指定（切出した緑のバンド）＞ 開く ＞ 再びファイルオープンダイアログが開く

step3：ここでは 2 値化画像を指定 ＞ 開く ＞ ファ

図 1-4-14　マスク処理画像

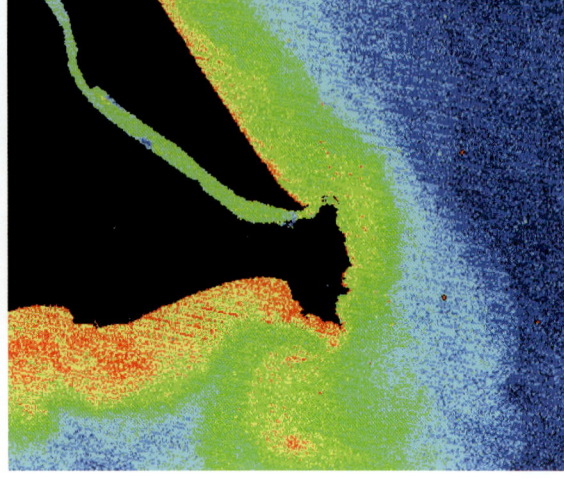

図 1-4-15　シュードカラー（赤−黒）　　　　　　図 1-4-16　シュードカラー色調変更

　　　　イルセーブダイアログが現れる
　　step4：保存先フォルダとファイル名をキーボード入力　>　保存クリック

　操作画面にマスク処理後の画像が表示されるとともに，指定したファイル名で保存される。
　図 1-4-14 はマスク処理された画像である。陸域が黒くマスクされ，海面が懸濁物を含む沿岸水と沖合水が濃淡模様を形づくっている。
　次に，この画像からシュードカラー画像とレベルスライス画像を作成してみる。

4.4.8　シュードカラー
　このプログラムでは 3 種類の「シュードカラー」と，利用者が設定したカラーテーブルを使ってシュードカラー画像を作成する「カスタム」の 4 種類が用意されている。濃度区分は 6 段階で，各組あわせについてはマニュアルを参照のこと。

　　step1：メニュー画面のファイル　>　開く（BMP）（B）をクリック　>　保存されているフォルダが開く　>　マスク処理した画像ファイル名をクリック　>　開くボタンをクリック　>　画像が表示させる
　　step2：メニュー画面の色調　>　シュードカラー（赤−黒）>　シュードカラー画像が表示される（図 1-4-15）

　表示された画像の色調を変えるには，メニュー画面の色調調整の M の Low，High の値を変えると白黒の段彩に変わるので，再びシュードカラーをクリックすると変えられる。図 1-4-16 はヒストグラムから海面部分の階調が 5 〜 90 なので，そのように変更して表示させたものである。

4. 画像処理はどうするの   51

図 1-4-17　レベルスライスフォーム

図 1-4-18　色の設定

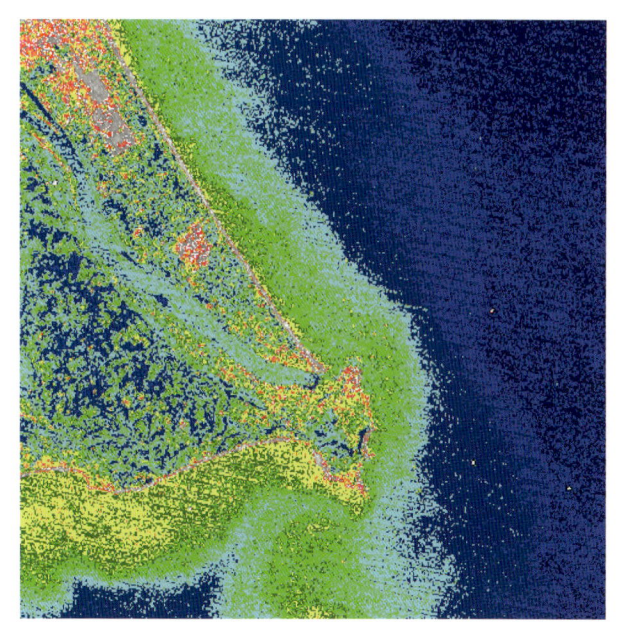

図 1-4-19　レベルスライス画像

4.4.9　レベルスライス

次は，連続的に変化する画像濃度を適当に区切り数段階の濃度値で画像を表現するレベルスライスを行う。原画像としては切出した利根川河口の緑のバンドを使う。マスク処理していない画像なので陸域も区分される。

step1：メニュー画面のファイル ＞ 開く（BMP）（B）をクリック ＞ 保存されているフォルダが開く ＞ 切出した緑の画像ファイル名をクリック ＞ 開くボタンをクリック ＞ 画像が表示させる

step2：メニュー画面の色調 ＞ レベルスライス設定（1 − 12）（1） ＞ レベルスライスフォームが表示される（図 1-4-17）

step3：レベルスライスフォームの色設定1ボタンをクリック ＞ 色の設定ダイアログが現れる（図 1-4-18）

step4：色の設定ダイアログから色をクリック ＞ OK ＞ レベルスライスフォームの左の□に色が入る

step5：レベルスライスフォームの B/M の Low, High のウィンドウにスライスする濃度階調をキーボード入力　＞　12回設定が終えたら　＞　OK

事例では 0～10 段階で 125 まで 12 段階に設定した（図 1-4-17）。この段階では設定が保存されただけで，画像はかわらない。画像を表示させるには

step6：メニュー　＞　色調　＞レベルスライス表示をクリック　＞　設定した濃度ごとに色づけされた画像が現れる

図 1-4-19 はレベルスライスした画象で等濃度に等しい色がつけてある。

4.4.10　画像分類

このソフトでは「教師付き分類」と「教師なし分類」が用意されている。

＜教師付き分類＞

ソフト上では「最尤法分類」で「教師付き分類」を行ったり，σレベルスライスや「教師データ分析表示」したりして教師データの不足を確認する段階も用意されているが，ここではこうしたステップを飛び越えた方法ですすめる。

まず樹木，市街地，水域などのクラス別に教師（トレーニングフィールド）を取得し，ファイルに保存する。

step1：メニュー画面のファイル　＞開く　で画像を表示させる（教師データを取得するのでカラー合成した画像を開くとよい）

step2：メニュー　＞　教師付き分類　＞　新規座標取得（教師となるトレーニングフィールドの取得）

step3：画面上のカーソルを取得する座標の位置にもって行く　＞　左クリック　＞　赤い点がつく

（フォールスカラー画像では赤い点がわかりにくい。この場合は，メニューから教師付き分類　＞　新規座標表示色設定　＞　カラーダイアログが現れる　＞　プルダウンで色を決め　＞　決定　で変えることができる）

step4：メニュー　＞　教師付き分類　＞　教師座標の保存　＞　保存先のフォルダを開いてくる　＞　ファイル名にクラスの名前を入力　＞　保存

（step4 まででは一つしか座標をとってない。4～5 個とったほうがよいので，その場合はメニュー　＞　教師付き分類　＞　既存教師座標追加　＞　ファイルオープンダイアログ「教師データファイルを開く」が表示される　＞　教師座標データファイルを選択　＞　開く　＞　あらかじめ取得したデータが画面上で色付けされ表示される　＞　カーソルを新たに取得する位置にもって行きクリック（取得したい数だけ繰り返す）＞　step4 で保存：クリックした数だけデータが追加された）

教師取得方法のヒントとして，同じくラスでも色の異なるものは別のクラスとし，分けて取得しておくとよい結果が得られる。

次に step1～4 をクラスの数だけ繰り返し，それが終わったら最尤分類法である。

step1：メニュー　＞　教師付き分類　＞　最尤法分類　＞　最尤法分類　＞　最尤法クラス設定ダイアログが現れる（図 1-4-20）

step2：ダイアログの中の「色設定ボタン」クリック　＞　色のダイアログが出てくるので色を決

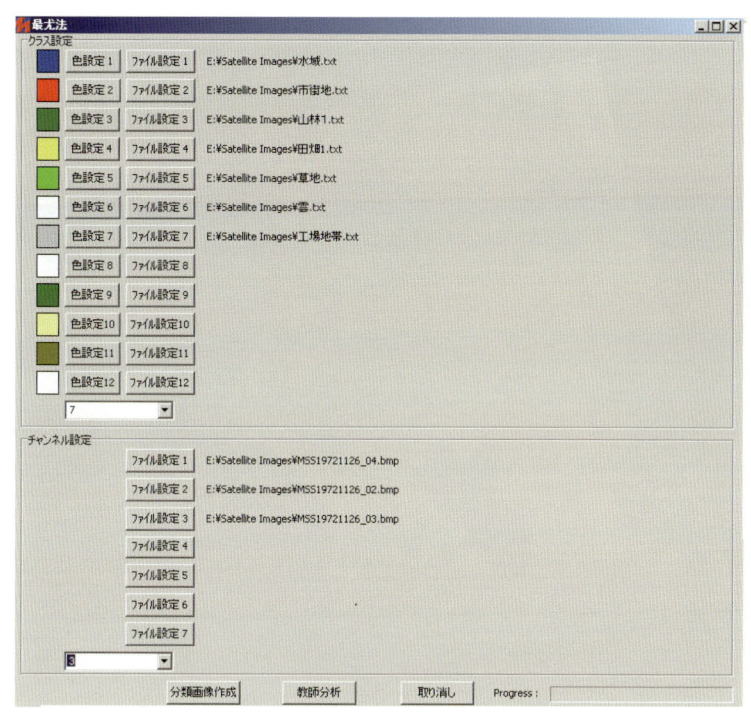

図1-4-20　最尤法クラス設定ダイアログ

　　　　　め　＞　OK
step3：隣のファイル設定ボタンをクリック　＞　フォルダが開く　＞　教師ファイルをクリック　＞　開く

教師（分類クラス）の数だけstep1～3を繰り返したらstep4に進む。

step4：プルダウンメニューで分類クラス数を入力
step5：チャンネル数設定（使用するバンド数）；ファイル設定ボタンクリック　＞　フォルダが開く　＞　使用するバンドをクリック　＞　開く（使用するバンド数だけ繰り返す。図1-4-17では色設定が8～12までついているが，これは以前のものが残っているだけで，とくに問題はない）
step6：プルダウンメニューで設定したバンド数を入力
step7：メニュー　＞　教師付き分類　＞　分類画像の作成　＞　ファイルセーブダイアログが開く　＞　保存先フォルダとファイル名をキーボード入力　＞　保存
step8：しばらく計算した後に「分類画像を作成しました」というメッセージボードが現れる　＞　OK（分類画像が指定したフォルダにつくられている）

　分類画像を開くには，メニューからファイル　＞　開く　でもよいが，一つの画像を開いておいてから，メニュー　＞　表示　＞　2画像表示を選ぶと，分類画像とカラー合成画像が表示できて便利である。
　図1-4-21は分類画像である。MSSの4バンドを用いて7クラスに分類したもので，分類区分は次

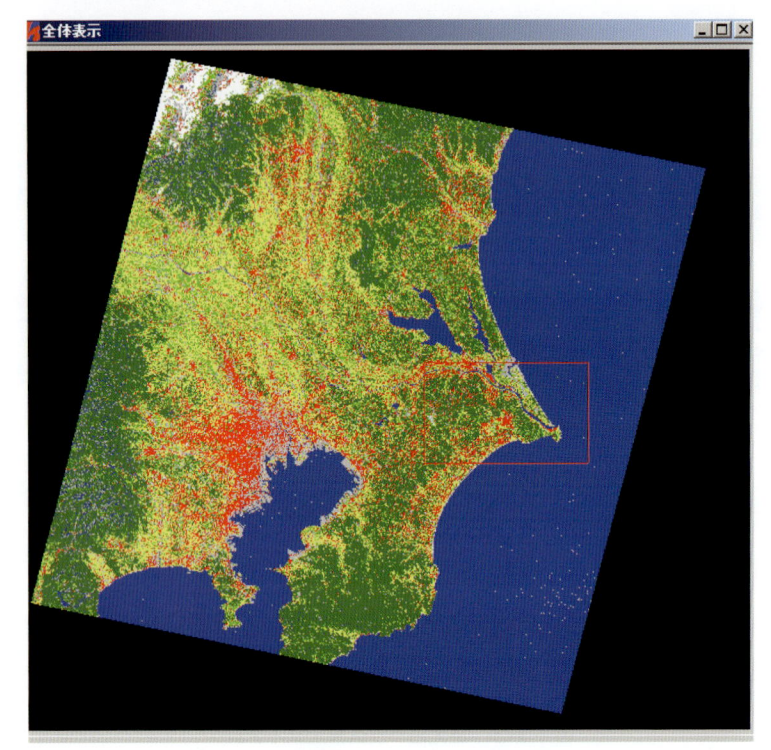

図 1-4-21　分類画像（7 クラスに分類されている）

のとおりである。

　　緑　　　山林（樹木）
　　若草色－草地
　　黄色　　田畑
　　赤色　　市街地
　　水色　　水域
　　灰色　　工場地帯その他
　　白色　　雲

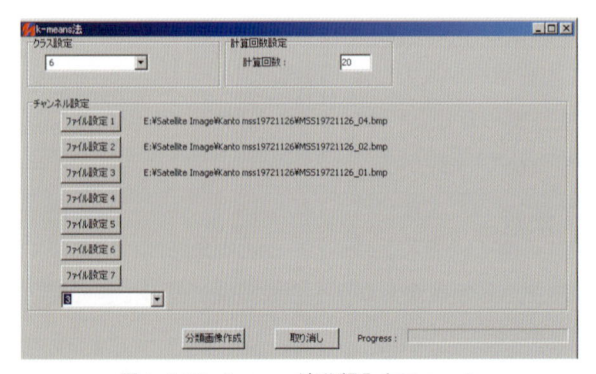

図 1-4-22　K-means 法分類入力フォーム

＜教師なし分類＞

　このプログラムでは K-means 法（適当なクラス数 m 個とバンド数を初期値として与え，初期クラスタの重心 m 個を決め，各画素のバンドデータと m 個の重心との距離を繰り返し計算しクラスを決める非階層的な手法）を用いた分類画像が作成できる。まず衛星画像を開いておいて

図 1-4-23　メッセージ

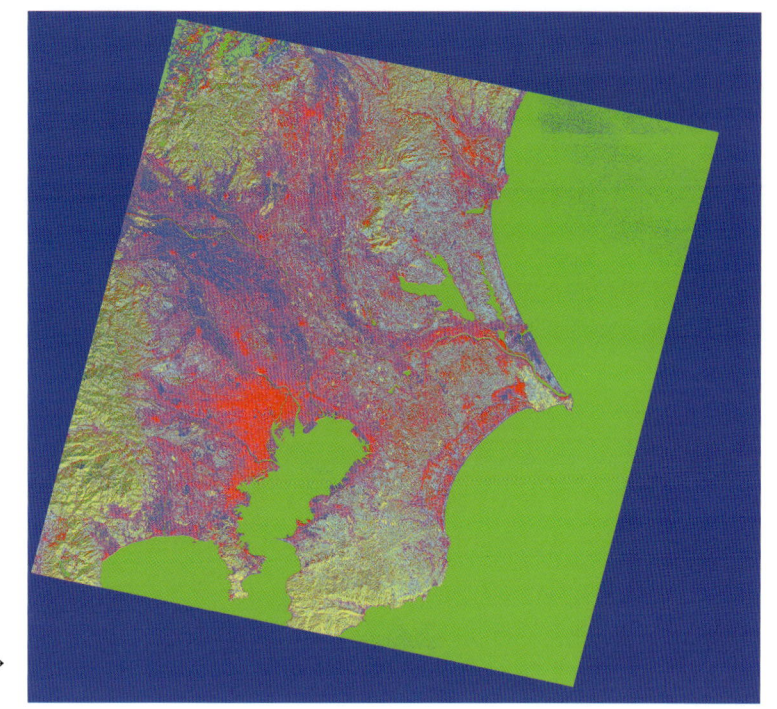

図 1-4-24　教師なし分類画像→
　　　　　（7 クラス）

step1：メニュー ＞ 教師なし分類（Y） ＞ K-means 法分類（K） ＞ K- means 法分類入力フォームが現れる（図 1-4-22）

step2：クラス設定ウィンドウにクラス数を▼をクリックし入力（クラスとは森林，田畑，水域など分類項目）

step3：チャンネル設定ではファイル設定ボタンを押すと使用する画像ファイルを聞いてくる ＞ 使用するファイルを開く（使用する画像ファイル数だけ繰り返す） ＞ 設定したファイル数を下のウィンドウのプルダウンメニューで入力

step4：計算回数を右上のウィンドウに入力（デフォルトは 20 になっている；画像の大きさにもよるが概ね 50 回が目安） ＞ 分類画像作成ボタンをクリック ＞ ファイル保存ダイアログが開く ＞ 保存先フォルダと保存ファイル名をキーボード入力 ＞ 開く ＞ 計算が開始され Progress に計算過程が示される

step5：計算が終わると図 1-4-23 の「分類画像を作成しました」というメッセージが表示される ＞ OK

あとは，分類画像を表示してみる。

図 1-4-24 はその結果である。教師なし分類の各クラスの表示色は自動で配色される。したがって色は選べない。この画像は，クラス数を 7 バンドは緑，赤，近赤外の 3 バンドを使って計算させたものである。

先ほどの教師付き分類と比較してみると，

　　　緑――――水域，　赤――――市街地，　青・紫―――田畑
　　　水色・黄色－樹木，　草色―――――雲

に対応しているようにみえる。なお，分類クラス数を増やし，後で似たものを統合することでよい結果が得られることもある。

4.4.11 画像演算

このソフトには加算，減算，除算，画像に係数 a をかける計算処理と正規化演算処理の五つが用意されている。ここでは正規化演算処理を使って，リモートセンシングでよく使われる正規化植生指標NDVI（Normalized Difference Vegetation Index）を求めてみる。正規化植生指標は，NDVI$=(IR-R)/(IR+R)$ で表す。IR は近赤外画像，R は赤バンドの画像である。ソフトで用意されている計算式は次のとおりである。

$$= a * (A - B) / (A + B) + b$$

- step1：メニュー ＞ 演算 ＞ 演算式を選ぶ（上の式を選ぶ）＞ ファイルオープンダイアログ「ファイル A を開く」表示される
- step2：ファイル A に該当する，つまり近赤外バンドの画像ファイルクリック ＞「開く」をクリック ＞ 続いてファイルオープンダイアログ「ファイル B を開く」が表示される
- step3：ファイル B に該当する，つまり赤バンドの画像ファイルクリック ＞「開く」をクリック ＞ 保存先を指定するダイアログが表示される
- step4：ダイアログに保存先フォルダとファイル名をキーボードで入力 ＞「保存」をクリック ＞ 係数入力フォームが現れる ＞ 係数 a, b を入力し ＞ OK ＞ 画面上に演算処理された画像が表示される

これと同時に指定したファイルに保存されている。

＜係数 a, b の決め方＞

このソフトでは画像演算処理後の画像も 8 ビット（0 ～ 255 の値）になるので，それを考慮して係数 a, b を決めるとよい。ちなみに 2 画像表示で赤バンドと近赤外バンドを開いておき，カーソルを植生のあるところにもっていき情報表示部の A, B 画像の値を見てほしい。その値を電卓に入れて $(A-B)/$

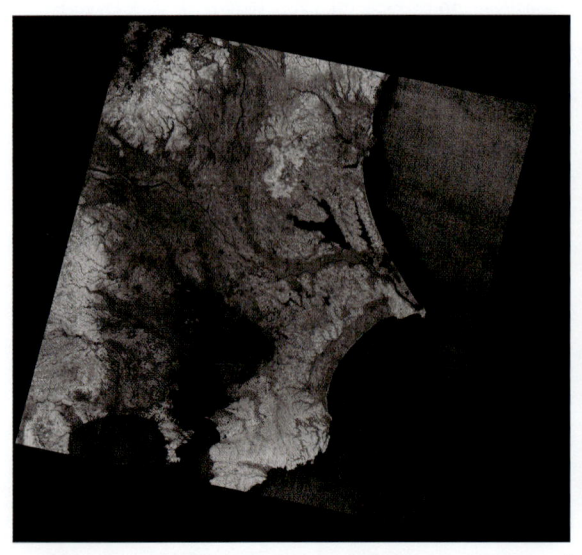

図 1-4-25　NDVI 処理画像

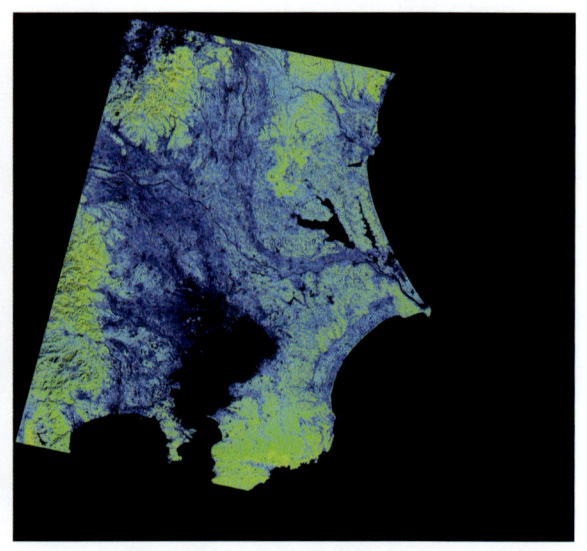

図 1-4-26　NDVI ＋マスク＋シュード

($A+B$) を計算してみる。画像によっても異なるが，ここで用いた画像では 0.4 ～ 0.5 になった。画像値が 125 前後になるように係数 a を 250，係数 b を 5 としてみた。

図 1-4-25 は上記の係数を入れて計算した NDVI 処理画像である。海面にも少し波によるノイズが出ているように見えるので，前述したマスク処理をしたうえでシュードカラー（赤－黒）を施したものが図 1-4-26 である。値が大きい順に赤色－黄色－緑色－水色－青色－黒色になっている。緑色－黄色－赤色で NDVI 値が高いことを示している。

4.4.12 フィルタ処理

通常 3×3 のマトリック演算子（オペレータ）を用いて画像のノイズ除去やエッジ抽出を行う。このソフトには，ノイズ除去としてメディアンフィルタが用意されている。一次微分処理によるエッジ抽出するためには，2×2 の差分フィルタとロバートフィルタが，3×3 のグラディエント（差分）としては，プレウット，ソーベルフィルタが，2 次微分のラプラシアンでは 4 近傍，8 近傍の 7 種類が用意されている。

このソフトでは，画像を表示させておいてメニューからフィルタを選ぶだけで処理した画像が表示される。早速やってみよう。

- step1：メニュー画面のファイル ＞「開く」で画像を表示させる（近赤外のバンド 3 もしくはバンド 4 の画像を開くとよいだろう）
- step2：メニュー ＞ フィルタ（S）＞ グラディエント（Sobel）＞ 表示中の画像に対し一次微分（Sobel）画像を表示する

メディアンフィルタからラプラシアンまで上の手順で処理・表示されるが，フィルタのタグの一番下にある「フィルタ」を選んだ時だけは，3×3 のフィルタ設定ダイアログが現れる。ウィンドウに数値（整数）を入れて任意のフィルタを設定ができる。

設定を終えたら「OK」ボタンを押せば，フィルタ処理結果が表示される。

図 1-4-27 は MSS 近赤外のバンド 3 の画像に対し，グラディエント（Sobel）処理をした画像である。河川や海岸線といった線状が強調されているのがわかる。

このほかにも主成分分析や相関図表示，幾何補正などの解析処理が用意されているので，マニュアルを参照しながらトライしてみてほしい。

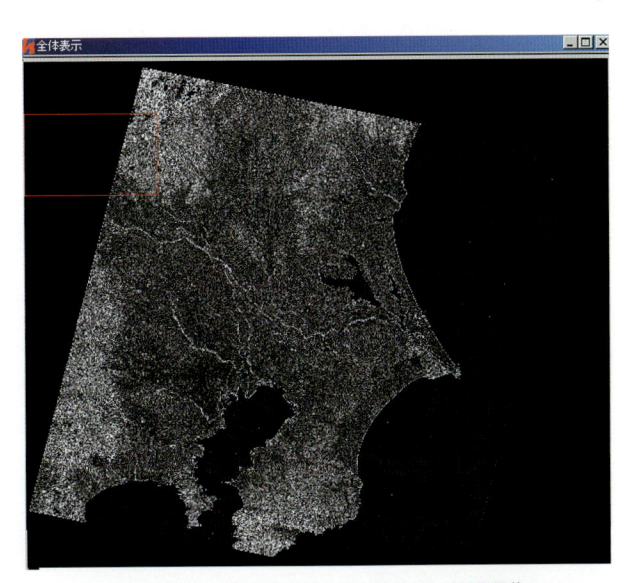

図 1-4-27　グラディエント（Sobel）処理画像

5. 集めたデータをどう読み解くか

5.1 読み解くための基本

　衛星データ，とくに「衛星画像データ」を見て何を思うかである。ただ漠然と画像を見ていては，画像を読み解くことはできない。何でこんな形をしているのだろうか？　なぜこのような色をしているのだろうか？　この部分はまわりと何かがちがう！　というような好奇な目で見ることが謎解きの出発点である。

　また，衛星データをどのような目的に利用するのか，あるいは利用されているのかは，その解析方法や表示方法によっても異なる。得られた画像がどのように表現され，どのように説明され，それがどんな意味をもっているのかは，その背景となる情報も含めて考えていく必要がある。

　ここではデータを読み解くにあたり，いくつか手助けとなる表現方法や解析方法について取り上げてみる。

（1）さまざまな情報を画像上にオーバーレイ（重ね合わせ）する

　地図などとの空間情報の位置関係を明確にすることで，事象の大きさや形状，方向など，さらに周辺状況やその環境を知ることができる。情報マップや写真地図などでよく見かける手法である。Google Earth を利用しても KML 形式に変換されたさまざまなデータを画像上に重ね合わせることが可能である。

　図 1-5-1 の左側の画像は，南関東の画像に KML 形式の行政界をオーバーレイした事例で，各行政区やその周辺の土地被覆状況をみることができる。右の画像は造成地域の画像に造成前の等高線をオーバーレイした事例である。ここでは青く表示した箇所が谷地であったところにあたり，造成前の地形状況を知る手がかりになる。

（2）異なる時間や地域と比較する

　過去の画像や写真を比較し経年による変化地域を拾い出してみる。

図 1-5-1　Google Earth を利用したオーバーレイ画像

5. 集めたデータをどう読み解くか　59

　　　　　　2007.2.12　　　　　　　　　　　　　　2009.10.1
　　　　　　図1-5-2　異なる時期による比較（Google Earth より）

　これによって何時どのような場所がどのように変化したか，変化した形状や時間経過を追い，その背景を考えてみる手がかりとなる。

　図1-5-2は羽田沖合の埋め立てによる変化である。「羽田空港沖合展開事業」の一環として2007年3月から2010年10月まで行われた東京国際空港（羽田空港）の変化である。社会的需要や環境への考慮がみえてくる。

（3）画像を目的別に判読・抽出する

　特定の対象物を抽出してみることでその状況をより明確にし，どのような地域に対象物がどのよう

図1-5-3　対象域の抽出（Google Earth より）

60　第Ⅰ部　どうすれば衛星画像を見ることができるか

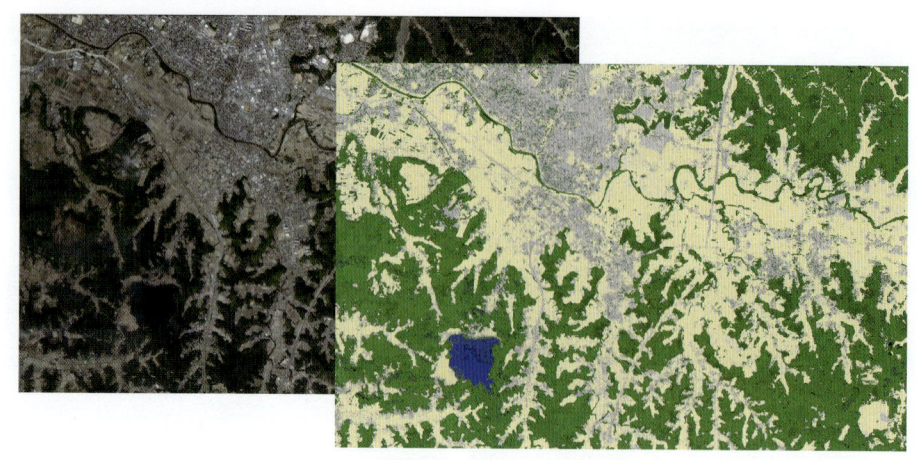

図1-5-4　衛星画像を用いた分類画像

に分布しているのか，その特徴を捉えやすくする。抽出には既存データの活用やGISソフトなどを用いた判読から行う。この抽出データを基にいろいろな解析処理が行われる。図1-5-3はゴルフ場を抽出し表示した画像である。対象地域あるいは問題点を浮き彫りにするのに利用できる。

（4）画像を分類処理する

　広域画像を対象に同一の特性をもつ地域を抽出してみる。リモートセンシングでは画像分類処理にあたり，同類の項目を統合し，その地域の広がりの特徴や変化をわかりやすくすることができる。画像の分類処理としてはRSPや簡易的にはPhotoshopでも可能である。

　図1-5-4は植生分類による森林分布を表示した画像である。森林など土地利用の広域管理や現況把握に利用できる。

（5）計測・集計してみる

　距離や面積など具体的な数字で比較してみることで実感として理解しやすくする。

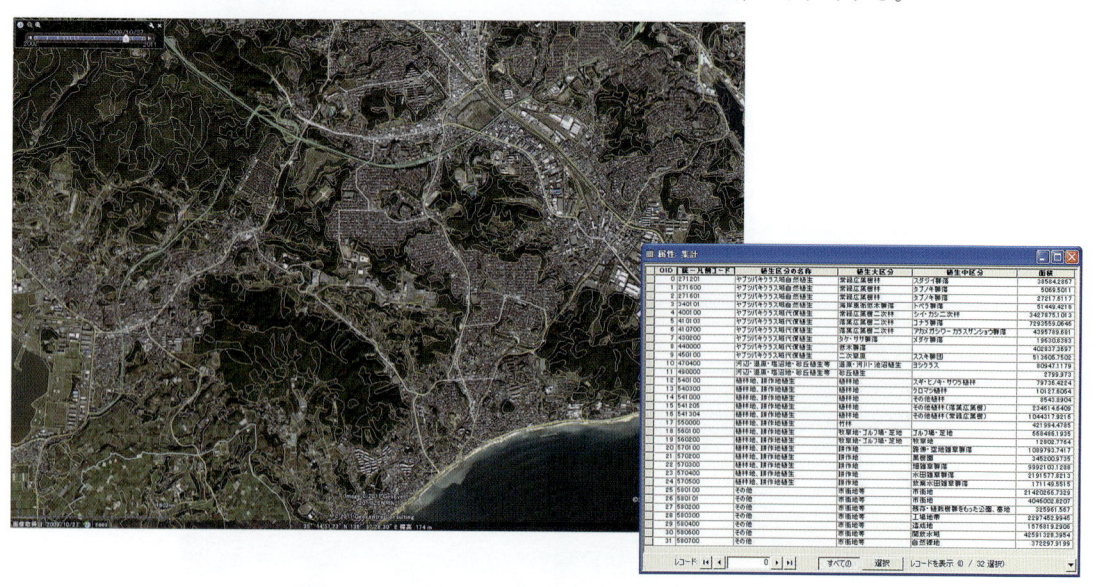

図1-5-5　オーバーレイ画像と集計（Google Earthより）

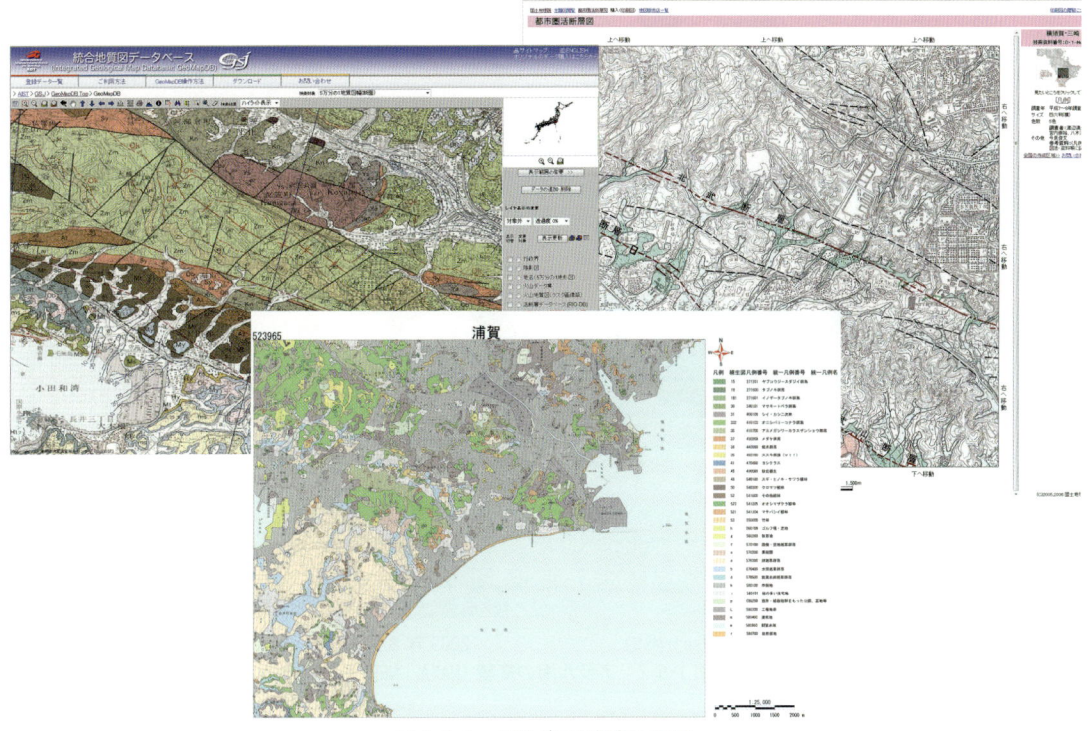

図 1-5-6　さまざまな情報の利用
(左上図) 産業技術研究所総合地質図データベース　　http://iggis1.muse.aist.go.jp/ja/top.htm
(中央図) 環境省自然環境保全基礎調査植生調査情報提供　　http://www.vegetation.jp/
(右上図) 国土地理院都市圏活断層図（位印刷図の閲覧）　　http://www1.gsi.go.jp/geowww/themap/fm/

(3) で抽出したデータや (4) での分類画像を基に集計してみる。集計することで全体の割合や増減を把握することができる。図 1-5-5 は植生を面積集計したものである。集計には GIS や EXCEL などを利用して項目ごとや地域ごとの集計を行う。

(6) ほかの情報と組み合わせてみる

さまざまな主題図のデータ情報をレイヤー構造にすることで，複雑な要素を絞り込んで事象を明確にする。また，背景となる地域情報や社会・政治情勢など目に見えない情報と合わせ総合的に考えてみる。主題図の多くは公開されており，インターネットの各ポータルサイトからダウンロードできる。また，近赤外や熱画像など異なる波長域の画像を利用するのも有効である。

以上のすべてを使うということではないが，いくつかは検討する必要がある。また，具体的に読み解く道具としてはリモートセンシングの画像処理ソフトや GIS（地理情報システム）を用いることが多い。フリーソフトとして画像処理では RSP，GIS では Quantum GIS などが無償で利用できる。下記ホームページからダウンロードできる。

RSP のリンクサイト：　http://rs.aoyaman.com/soft/item.html

QuantumGIS：　http://qgis.org/

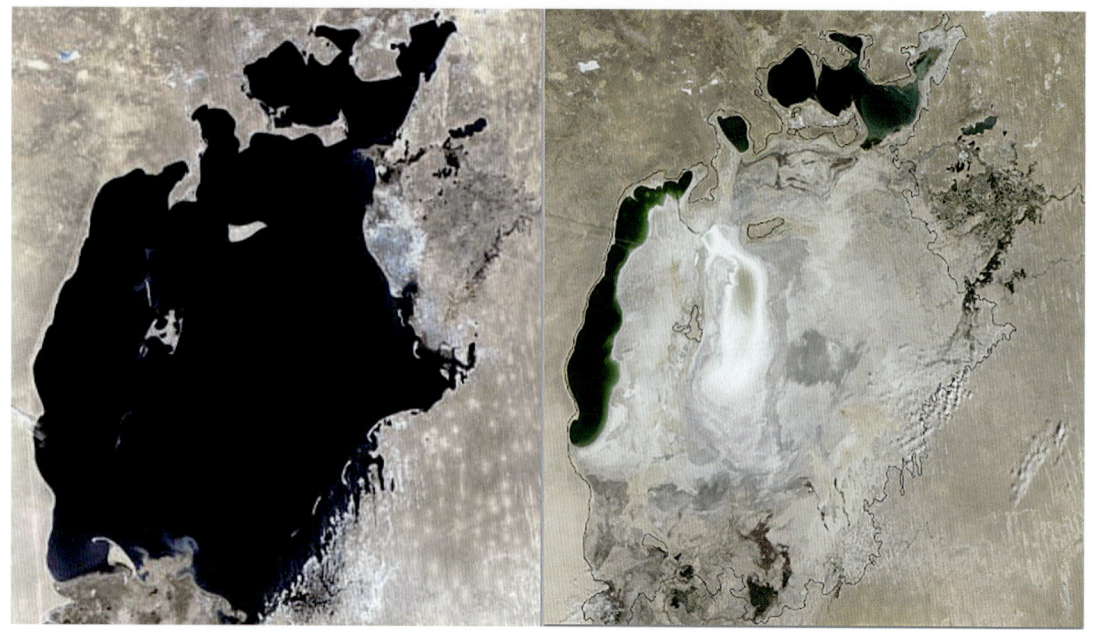

1973年8月10日 (Landsat/MSS)　　　　2009年8月16日 (Terra/MODIS)
図 1-5-7　アラル海の変貌 (NASA/UNEP)

5.2　具体的な事例

　図 1-5-7 は中央アジアに位置する湖，アラル海の 36 年を経た二つの衛星画像である。画像を比較して大きな変化に驚かされるだろう。いったい何が起こったのだろうか。
　そこで，画像データを読み解く具体的な事例として，第Ⅱ部の最初でも取り上げたこの「アラル海の悲劇」を例題に説明する。
　図 2-1-1 と図 2-1-2 は米国地質調査所（USGS）の Landsat 衛星画像をモザイクしたアラル海である。図 2-1-1 が 1987 年撮影，図 2-1-2 が 2000 年に撮影したものである。湖の形が大きく変化しているのに気づく。前節の（2）に示した経年比較している画像である。1987 年には島だった部分が，2000 年には南側の陸地とつながり半島になっている。また，北側の海峡でつながっていた小さい湖（小アラル）は，南側の大きい部分（大アラル）と分離している。何でこんな変化があったのだろうか？　という疑問が生じてくる。
　次に前節の（1）「さまざまな情報を画像上にオーバーレイ」してみる，を実践してみよう。これらの画像には緯度・経度が記されている。緯度・経度とも約 3 度ある。緯度 1°の長さは約 111km だから南北に約 300km，東西方向は赤道付近の円周に比べ緯度 45°付近では 3 割くらい短くなるので，経度 3°では約 220km となる。最盛時には約 300km×220km と，いかに大きな湖であったかがわかる。図 2-1-2 の右下に日本の琵琶湖を同じ縮尺で表示しておいた。文献を調べてみると，アラル海は 1960 年代には 67,000km^2 で世界第 4 位の面積があり，琵琶湖の約 100 倍あったことがわかった。
　もう一つ「地図」と比較してみよう。図 2-1-3 はアラル海の湖岸線の経年変化を示したものである。この図から湖は，カザフスタンとウズベキスタンという二つの国にまたがっていることがわかる。流

入河川はカザフスタン側にシルダリア川，ウズベキスタン側にはアムダリア川が流入している。しかし流出河川はないので，閉鎖湖であることもわかる。閉鎖湖の場合，カスピ海などのように塩分濃度が高い塩湖である可能性が高い。実際に文献で調べると1960〜87年では，10〜27g/ℓと高い塩分濃度を示していた。湖の面積が縮小し始めた1993年では30〜37g/ℓとさらに濃くなっている。なお，琵琶湖の塩分濃度は約10mg/ℓである。

さらにカザフスタンとウズベキスタン地域は，砂漠地帯で年間降水量は100〜200mm程度である。流入する河川のうちシルダリア川は天山山脈を，一方のアムダリア川はパミール高原を水源としている。閉鎖湖であるアラル海は，流入するこの二つの河川水量と海面から蒸発する水量が微妙にバランスをとっていたことがわかる。ではなぜ湖岸面積が減少したのだろうか。これは画像だけを見ていても解決しない。

前節（6）の「他の情報による組み合わせ」を検討しなければならない。背景となる地域情報や社会・政治情勢を農業センサスなどで調べ，考えてみることにする。カザフスタンとウズベキスタンは，かつては旧ソヴィエト連邦（旧ソ連邦）に属していた。そして，この地域の主たる産業は水稲と綿花の栽培で，とくに綿花は旧ソ連邦の90%が生産され住民の生活を支えてきた。1960年代に旧ソ連邦は，この砂漠地帯を緑の地に変え農業生産量の増大を図る「アラル海プロジェクト」という灌漑計画を推進していく。その結果，大量の水が両河川から取水され，1960年代に300万haだった灌漑面積が現在の2,000万haに拡大し，流入水量が減少した，ということがわかってきた。

前節（3）の「画像を目的別に判読する」を試みてみよう。図2-1-2を見るとアラル海の東から南にかけて湖の中心部とは色がちがうことがわかる。これから湖の東から南にかけては水深が緩やかに深くなっているようだ。湖面水位の低下により浅い部分では湖底に堆積した塩から反射した光が，薄い水の層をとおして淡い水色から湖の中心に向けて濃い水色へとグラデーションをつくっていることがわかる。また，湖の周辺は砂漠で茶褐色を呈しているが，アムダリア川とシルダリア川流域では鮮やかな緑色をしている。両河川の水を収奪することで豊な農地になっていることが読み取れる。

では，本当にアラル海の水位は下がっているのだろうか？　地球観測衛星の中で高さを測る衛星がある。その一つのTOPEX/Poseidonについては，前節（6）を参照してください。図2-1-5は小アラルと大アラルをこの衛星で観測した1992年から2003年までの湖水位の変化を示している。どんどん水位が下がっていることがわかる。ここで，小アラルの水位が1999年にはね上がっている。これは何を意味するのだろうか？　いろいろ調べてみると，1966年から旧ソ連邦ではダム建設を進めてきたが，この年は嵐によりダムが決壊する事故があったことがわかった。その結果，一時的に元の水位に戻ったのである。

5.3　画像の読み解きのまとめ

画像を読み解いていくプロセスの一端を紹介した。第I部5.1節で示した手がかりを用いて画像を見ていくと，いろいろな謎が出てくる。と同時に，画像判読や画像計測あるいは関連する地図やその他の情報を基にして，演繹的にあるいは帰納的に画像に現れている現象を解釈することで，謎が解けていく。また，必要ならそのほかの衛星画像を集め，いろいろな角度から見ることでヒントを得ること

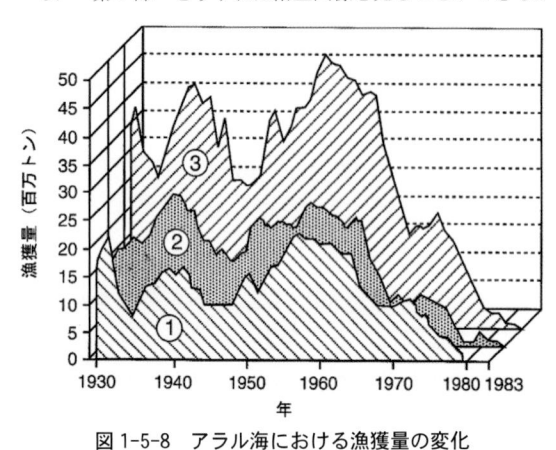

図 1-5-8 アラル海における漁獲量の変化
①北部，②南部，③合計．

http://www.jfbn.jp/pphtml/natsu21.html
夏原由博（大阪府立大学）；野生生物を追跡する最新技術，生物技術者連絡会．

もよい方法である．「アラル海の悲劇」では2002年のTerra/MISRの画像，2003年のTerra/MODISの画像とスペースシャトルからの画像を収集し載せている．

とくに2003年のTerra/MODISの画像は象徴的である．湖岸線が約100km近く後退し，湖底が露出している．そこに北東からの強い風にあおられ，塩を含む砂塵が舞い上がっている様子を写していた．第II部では，詳しくは触れなかったが，漁業センサスや環境白書なども調べると，漁獲量の減少（図1-5-8）や湖水環境の劇的変化も浮き彫りにできる．また，灌漑により農地化された耕地でも当然，収穫量を増やすために農薬なども使っている，と思われる．そこに図2-1-4に見るような強風が吹けば，住民にも健康被害が予想される．医療・保健データを集めることで，こうした被害の実態も明らかにすることができるはずである．

　画像分類や画像合成についてはここでは触れていないが，これについては第I部4章の「画像処理はどうするの」を参照してください．そうした画像を並べて，まずそれらをよく**視る**ことから始め，最初に述べたように**好奇心**をもって**眺める**ことである．そうすることで，画像がいろいろなことを語りかけてくるはずである．ぜひみなさんも実践してみてください．

【コラム】

　2012年5月21日に北太平洋を中心に金環日食が観測された。日本でも九州から関東の太平洋沿岸で金環食帯が重なり，リング状となった太陽を多くの人が見ることができた。地球上に投影された月の影は，静止衛星からも捉えられていた。MTSATでは中国広東省，福建省から台湾，東京を通過し，カムチャツカ半島の南へ，GOESではアリューシャン列島の南海上，米国西海岸のカルフォルニア州，ネバタ州，ユタ州へと地球上を丸く薄い影が移動しているのが観測された。この金環食の影は，地球上を約3時間半という短時間で通過していった。次に日本を通過する金環食は2030年（北海道）まで待たなければならない。

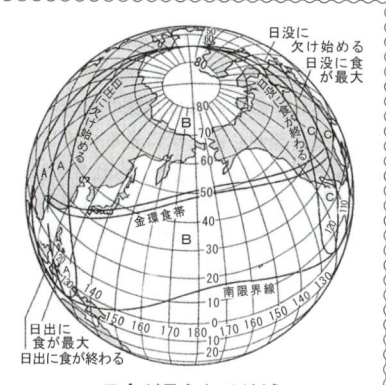

日食が見られる地域
(『天文年鑑 2012年版』誠文堂新光社)

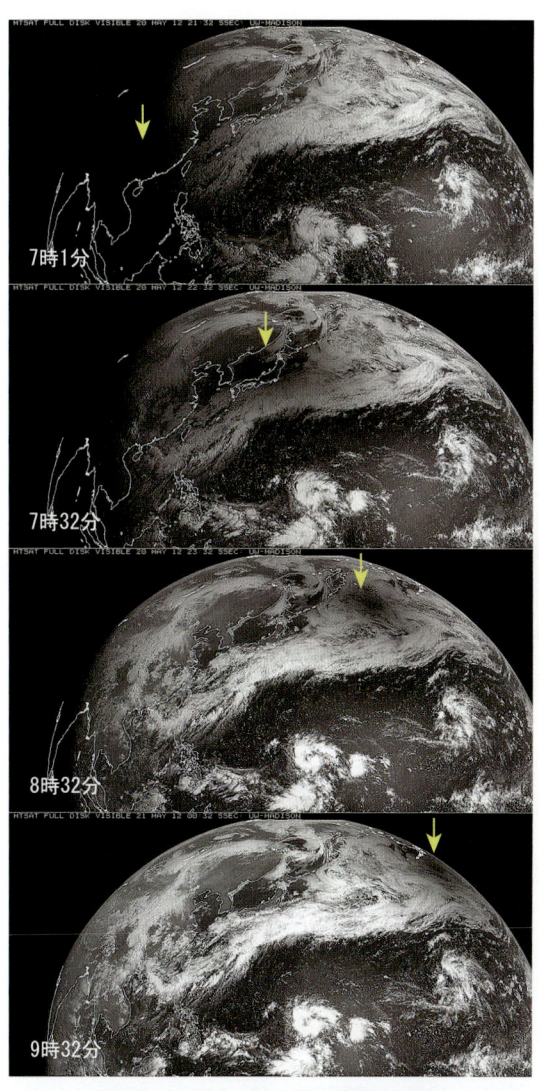

MTSAT がとらえた月の影の移動 (SSEC)

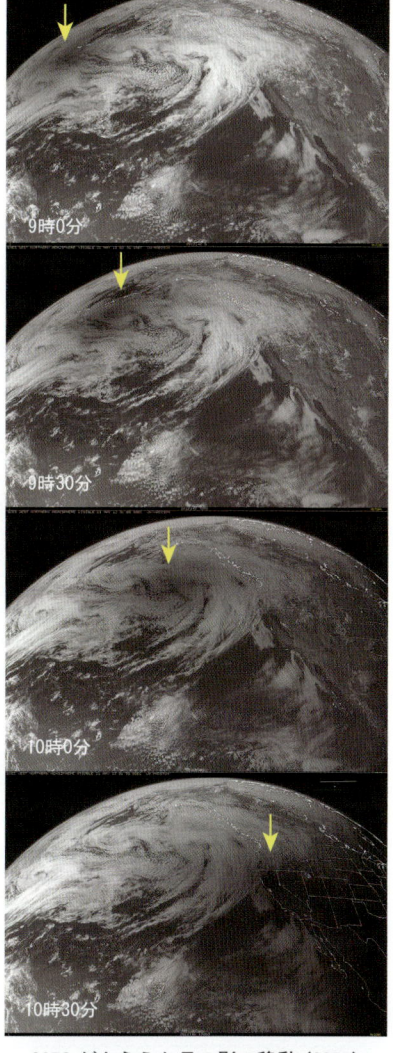

GOES がとらえた月の影の移動 (SSEC)

66　第Ⅰ部　どうすれば衛星画像を見ることができるか

日食による月の影 →

N70°
N60°
N50°
N40°
E160°　E170°　E180°

Terra/MODIS が観測した日食による月の影（NASA/EOSDIS）
アリューシャン列島の南西海上
（2012.5.21　8:20〜25）

第Ⅱ部　宇宙から見る地球の姿

1. アラル海の悲劇

インターネットのWebサイトには各国の衛星観測機関が多数の画像を公開，掲載している．第Ⅱ部では，これらインターネット上の画像の中から地球の姿を捉えた興味ある画像を選び，そこで起きている問題をクローズアップした．第Ⅱ部の第1章では中央アジアのカザフスタン，ウズベキスタンの二つの共和国の間に広がるアラル海の変容を取り上げた．アラル海は1991年以降旧ソ連邦の崩壊に伴いさまざまな調査が行われており，その実態がしだいに明らかになってきている．

アラル海は1960年代には67,000km^{2}と世界第4位の広さ（琵琶湖の約100倍）を誇っていた．しかし，2000年には湖水の面積がその4割までに縮小し，水量にいたっては2割にも激減した．現在でも湖の縮小は止まらず，旧ソ連邦時代から始まった湖の危機的状態が続いている．かつては天山山脈を水源とするシルダリア川とパミール高原を水源とするアムダリア川の二つの河川が湖に流れ込んでいた．湖からの流出河川はなく，周辺地域は砂漠地帯と隣接した年間降水量100～200mmの乾燥地域である．湖はこれら流入河川水と湖面からの蒸発量との微妙なバランスによって保たれていた．しかし，現在の湖には河川水が流れ込むことはなくなり水収支のバランスがくずれ，大きな環境変化を引き起こす結果となった．図2-1-1および図2-1-2は米国地質調査所（USGS）がWeb上で公開しているLandsat衛星画像をもとにモザイクした1987年と2000年のアラル海の画像である．わずか13年間での大きな変化に驚かされると同時に，日本の琵琶湖と比較するとその事態の大きさがうかがえる．

アラル海の大きな変化の要因となったのが，1960年代に旧ソ連邦の大規模な灌漑プロジェクトである．これは「アラル海プロジェクト」と呼ばれ，灌漑により周辺の砂漠地帯を緑の地に変え，農業生産量の増大を図るものであった．この計画の実施により河川からは大量の取水が行われ，水稲や綿花などが栽培された．灌漑面積は1960年代の300万haから現在の2,000万haに拡大している．とりわけ綿花は旧ソ連邦の90％が生産され，住民の生活を支えてきた．

その結果，二つの河川の水利用が進み，湖への流入水量が減少したのである．湖の縮小とともに湖水の塩分濃度も1960年の10g/ℓから2000年の65g/ℓに上昇し，湖水の環境も激変した．生物への

表 2-1-1　アラル海の形態と塩分濃度の変化

	1960	1971	1976	1987	1993	2000（推定）
面積（km^2）	66,900	60,200	55,700	41,000	33,600	24,200
（大アラル）					31,000	21,000
（小アラル）					2,600	3,200
容積（km^3）	1,090	925	763	374	300	175
（大アラル）					279	151
（小アラル）					21	24
塩分濃度（g/ℓ）	10	11	14	27	—	—
（大アラル）					±37	65-70
（小アラル）					±30	±25

出典：Jacob Kalff（2002）：Limnology,Prentice-Hall,Inc.（Micklin，1988より修正）

70　第Ⅱ部　宇宙から見る地球の姿

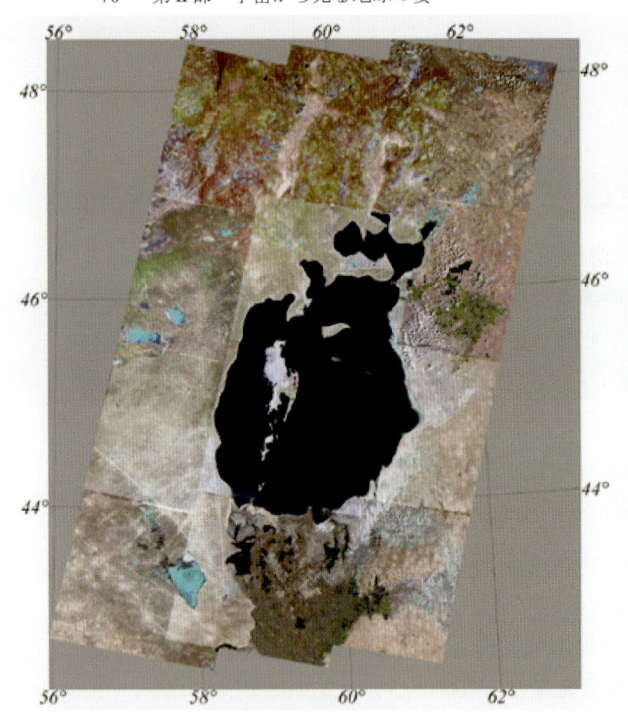

図 2-1-1　アラル海の Landsat 衛星モザイク画像（1987 年）
1960 年以降，湖に流入する河口付近では大規模な灌漑農業が始まった．画像は http://glovis.usgs.gov/ より Landsat 画像をモザイク（U.S.Geological Survey）．

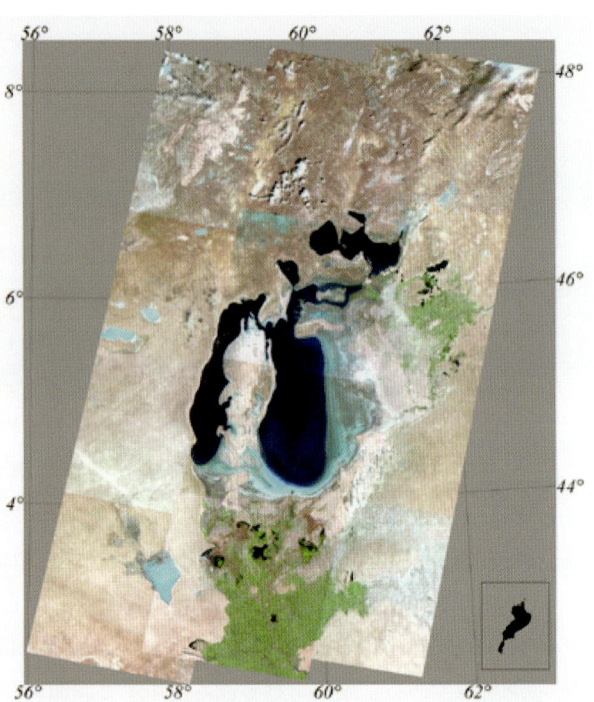

図 2-1-2　アラル海の Landsat 衛星モザイク画像（2000 年）
現在も湖の縮小は続いており危機的状態にある．変化の大きさは琵琶湖と比べるとわかりやすい．画像は http://glovis.usgs.gov/ より Landsat 画像をモザイク（U.S.Geological Survey）．

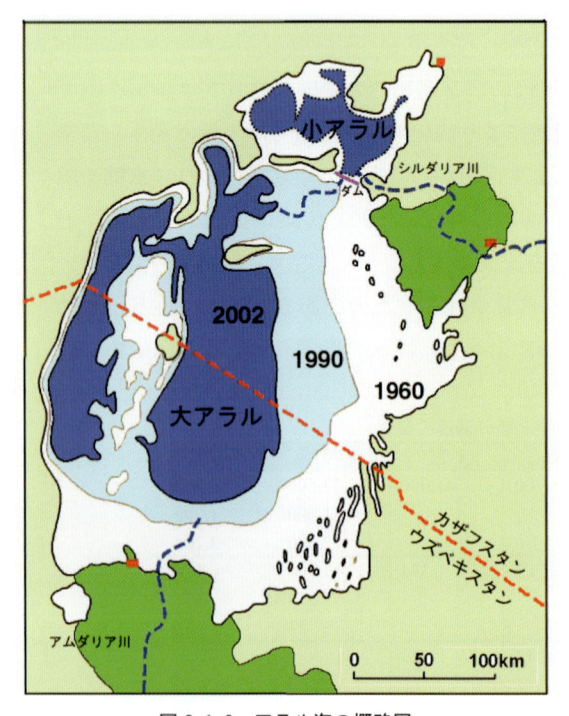

図 2-1-3　アラル海の概略図
二つの国に広がる大きな湖も，現在は二つの湖（小アラルと大アラル）に分離している．

図 2-1-4　かつての湖底から舞い上がる砂塵
砂塵は人や農作物にも被害を及ぼしている．
（EOS-Terra/MODIS；2003.4.18）
http://modis.gsfc.nasa.gov/gallary/index.php（NASA/GSFC）

1. アラル海の悲劇　71

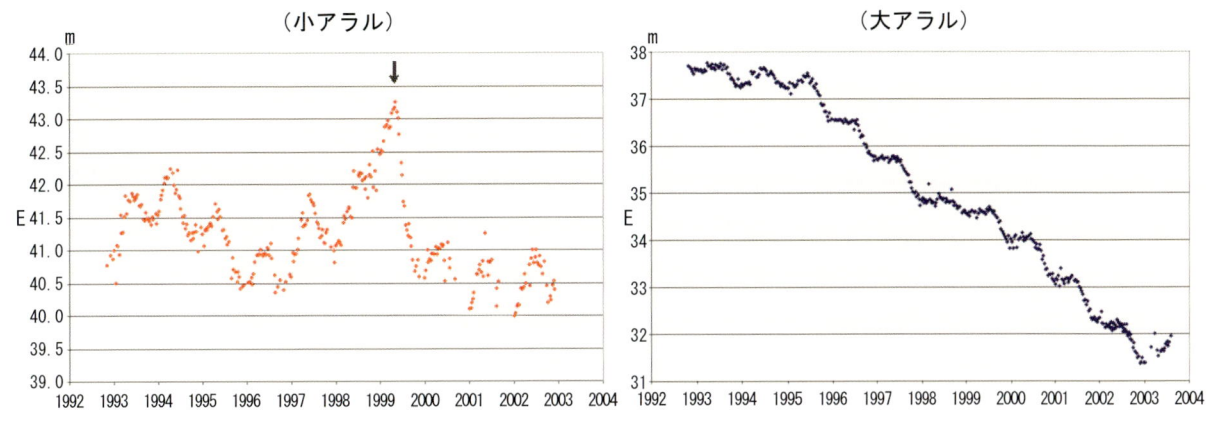

図 2-1-5　TOPEX/Poseidon 衛星の観測による湖水位の変化
小アラルでは 1996 年からダム建設が進み徐々に水位は上昇するが，1999 年の決壊（矢印）で以前の水位に戻ってしまった．大アラルでは現在も水位の低下が続いている．
http://www.aviso.oceanobs.com/html/applications/niveau/aral_uk.html
（Source:Legos, Toulouse, France – 2002，AVISO ホームページより）

図 2-1-6　スペースシャトルから南方へアラル海を望む
陸化した湖岸と南部に広がる大規模な灌漑農業が印象的である
（STS085-711-78, 1997.8.12）．
http://eol.jsc.nasa.gov/sseop/images/EFS/lowres/STS085/STS085-711-78.JPG
（NASA）

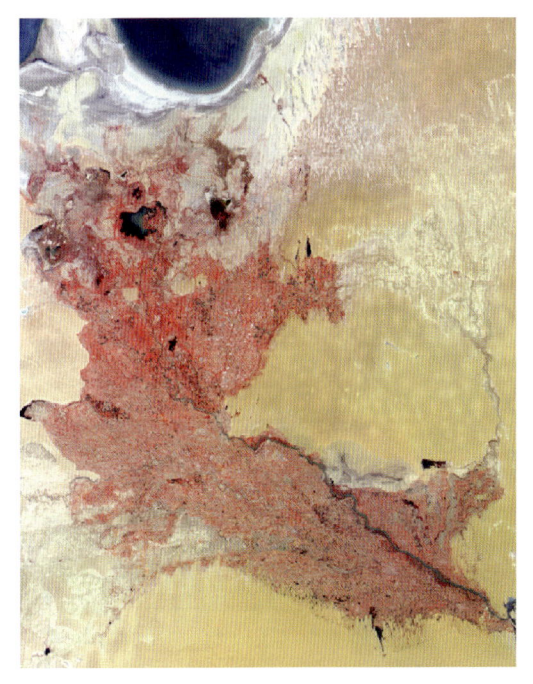

図 2-1-7　アムダリア川河口付近
アラル海への河川水の流入は，灌漑（赤色の地域）に利用されほとんど見られない（Terra/MISR，2002.6）
http://photojournal.jpl.nasa.gov/catalog/PIA04323
（NASA/GSFC/LaRC/JPL,MISR Team）

影響も大きく，魚類の多くが死滅しかつての漁獲量は見る影もなくなった．湖が退いた湖岸の幅は 100km にもなり，かつての湖底には塩の集積した砂浜が広がり，北からの風に巻き上げられた多量の砂や塩分は周辺の農地にも被害を及ぼしている．さらに，この灌漑地域にまかれた農薬で住民にも健

康被害が出るなど，深刻な問題となっている。図 2-1-4 は，東部湖岸の陸地化した湖底から舞い上がる砂塵を捉えた象徴的な衛星画像である。

現在の湖は水位低下により，北の「小アラル」と南の「大アラル」の二つの湖からなる。1996 年にはこの「大アラル」と「小アラル」を仕切るダムが完成し，塩分濃度の高い「大アラル」を分離することで，「小アラル」だけでも維持する試みが行われた。しかし，1999 年の嵐によりダムが決壊，この計画も失敗に終わっている。水位の変化の様子は，1992 年に打ち上げられた海洋地形実験衛星 TOPEX/Poseidon によっても観測されている。図 2-1-5 は 1992 年からの両湖の衛星による水位変化のグラフである。現在の状態が続けばアラル海は十数年後には消失するといわれている。

アラル海を復元するためには湖に注ぐ河川水をもとに戻せばよいが，灌漑地域で暮らす数百万人もの住民の生活を維持していくためには不可能であり，後戻りできない状況にある。過剰な水利用はその対価として，周辺地域に暮らす人々の生活や生態系へ少なからぬ影響を及ぼすことになった。乾燥地域での水資源問題は，私たちが想像する以上に大きな問題となっており，問題の解決には関連する国々との協力体制や国際的援助が不可欠といえる。

〔その後のアラル海〕

湖の復活の希望として，カザフスタン政府と世界銀行は協力し合い，北部の小アラル海を切り離すためにダムの建設（Kok-Aral Dam）に資金を供給し，2005 年 8 月にダムを完成させた。2005 年以降水位は上昇し，放水による変動はあるものの高水位を保っている。

この結果，水位は 2m 上昇し漁業関係者も戻りつつある。さらに，2011 年 8 月にカザフスタン政府は北部の小アラル海流域に新しい堤防建設に融資することを発表している。アラル海流域の灌漑用水の効率的利用などを目的に整備してゆく計画も示している。

図 2-1-8 小アラルの水位変化（1993 〜 2011，Envisat，Jason-2）
赤い星は堤防建設，緑の星は堤防崩壊，青い星はダムゲートでの放水時点を示す（Legos）．

図 2-1-9 縮小が続く大アラル（2009.8.16, Terra/MODIS）(NASA)
大アラルは 2009 年に面積が最も縮小した．細線は 1980 年代の湖岸線．

（参考文献）
(1) 滋賀県琵琶湖研究所編（2001）:『増補改訂版 世界の湖』人文書院.
(2) 福嶌義宏監修（1995）:『地球水環境と国際紛争の光と影－カスピ海・アラル海・死海と 21 世紀の中央アジア / ユーラシア－』信山社.
(3) I. Kobori & M. H. Glantz（1998）: *Central Eurasian water crisis : Caspian, Aral, and Dead Seas*, United Nations University Press.
(4) Michael H. Glantz（1999）: *Creeping Environmental Problems and Sustainable Development in the Aral Sea Basin*, Cambridge University press.

2. シベリア森林火災と永久凍土

ロシアのシベリア地方には，タイガと呼ばれる広大な森林地帯が連なっている。ここでは，毎年のように森林火災が多発し，2003年には2,300万haを超える森林が焼失する事態が起きている。これは日本の面積の約6割にも相当する広さである。南米や東南アジアの熱帯林だけではなく寒冷地でも同じように森林減少の危機に直面している。さらにこの森林焼失が引き金となり，シベリア地方では地球温暖化を加速する新たな要因が生まれている。

図2-2-1は極東ロシアのハバロフスク付近で発生した森林火災の状況を，Terra/MODIS衛星が捉えたものである。いくつもの地点から火災が発生し，北西方向へ筋状の煙がたなびいている様子がうかがえる。このような森林火災がシベリアを中心にロシア全土で1万件以上にのぼり，森林火災による煙は日本上空にも達し，極東地域の気象にも影響を与えるほどである。森林火災の原因は雷や乾燥による自然発火のほかに，発火原因の7割を占めるタバコや焚き火など火の不始末によるものであるといわれている。しかし，今のところこれを防ぐ手だては見あたらないのが実状である。ロシアには，地球上の森林の22%を占める763,500×10³ha（FAO, 1995）の森林が分布する。その森林のほとんどはいわゆるタイガと呼ばれる密度の高い森林地帯を形成しており，東西5,000km南北1,000～2,000kmにも及んでいる。この広大な森林地帯はロシア中央部を流れるエニセイ河を境に，西シベリアではおもに常緑のトウヒ属の針葉樹林，東シベリアでは落葉のダフリアカラマツなどの針葉樹林から構成されている（図2-2-2）。

同様に高緯度地域に位置するロシアには，全土の3分の2をおおう永久凍土が存在しており，森林の分布する地域の約8割が永久凍土上にある（図2-2-2）。現在，これが森林の焼失に伴い深刻な問題となっている。

これまでシベリアのタイガは永久凍土をおおい，直接太陽からの熱を遮ることで断熱効果の役割を果たしてきた。しかし，地表をおおっていたこれら樹林や苔を含む土壌が火災により焼失すると，地表が暖められ永久凍土が急速に融け始め，アラス（alas）と呼ばれる特有の凹地が形成される。ここに水がたまり池塘ができて，さらに周囲の森林を倒しながら徐々に大きな湖へと拡大するのである。いったん永

図2-2-1 ハバロフスク付近で発生した森林火災
（Terra/MODIS；2003.7.26）
火災の多くは7～8月に発生する.
http://modis.gsfc.nasa.gov/gallary/（NASA/GSFC）

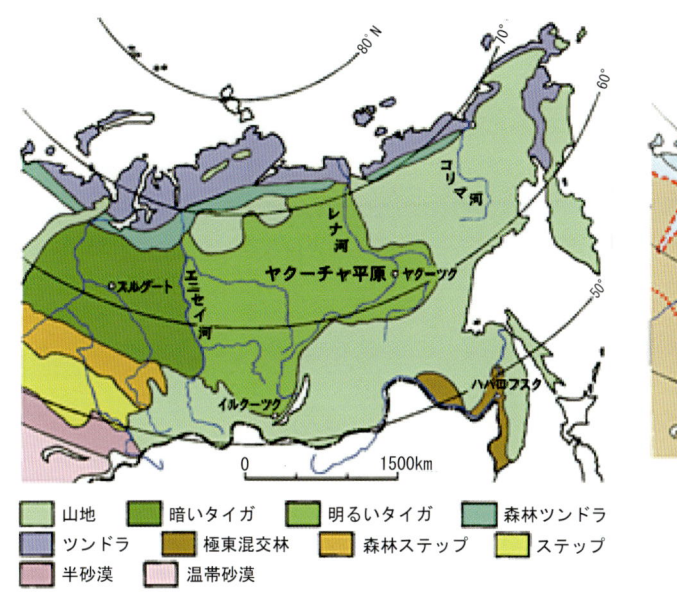

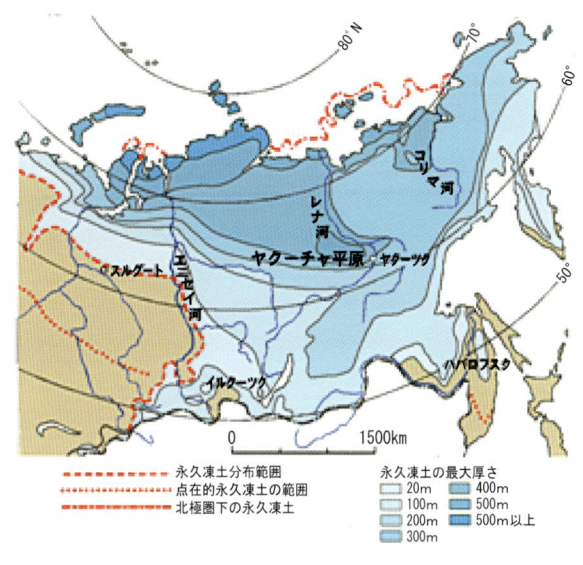

図 2-2-2　シベリアの植生分布

図 2-2-3　シベリアの永久凍土分布
（福田正己，1996：『極北シベリア』岩波新書，に加色）

久凍土の熱侵食による変化が始まると後戻りはできない。しかも永久凍土の氷の中には高濃度のメタンガスが含まれており，永久凍土の大規模な融解が引き起こされることで大気中へ多量に放出される。このメタンガスは二酸化炭素と比べ 20 倍以上の温室効果をもつことが知られている。大規模な火災による森林の焼失は，その森林のもつ二酸化炭素の吸収量をはるかに上回ることから，地球温暖化を加速すると警鐘を鳴らす学者が多い。

やがて永久凍土の融解が止まると，こんどは砂漠地帯に匹敵する乾燥地帯であるため，いずれは湖も縮小し塩類が集積，再生不可能な土地へと変わってしまうと考えられている。寒冷地の樹木の成長は温暖な地域と比較して成長するまでに約 150 年と遅いため，植林などでも回復にはかなりの時間を要し，数世代先の人たちにもかかわる問題として引き継がれることになる。

現在，ロシアと日本，米国などが共同で NOAA 衛星を利用した森林火災の早期発見のためのシステムづくりが進められている。リアルタイムで火災を把握し予測することで，大規模火災にならないための消火活動をサポートするシステムである。しかし，消火活動にあっては予算や人員なども少なく，また広い国土を有するロシアでは，防火のための取り締まりもままならないのが現状である。最近の研究では，寒冷地の森林火災による二酸化炭素の排出量は温暖な地域と比べはるかに多いことがわかってきており，火災による焼失をまず防ぐことが最大の課題となっている。

図 2-2-4 は極東シベリアのヤクーツクで起きた大規模な森林火災を，Landsat によって捉えたものである。北西にたなびく煙と同時に茶色に焼け焦げた地域が広範囲にみられる。ヤクーツク周辺での過去数十年間の年間降水量は約 240mm であるが，とりわけ 2002 年は 150mm と砂漠地帯に匹敵するほど降水量が少なく，延焼を拡大させる要因となった。気温は大陸性気候の特徴を示し，月平均気温は冬季が -43 度，夏季が 18 度と気温の差が大きい。とくに夏季には気温が 35 度以上になることもめずらしくない。ヤクーツク周辺でも地下には厚い永久凍土が広がり，地上にはタイガが分布する。こ

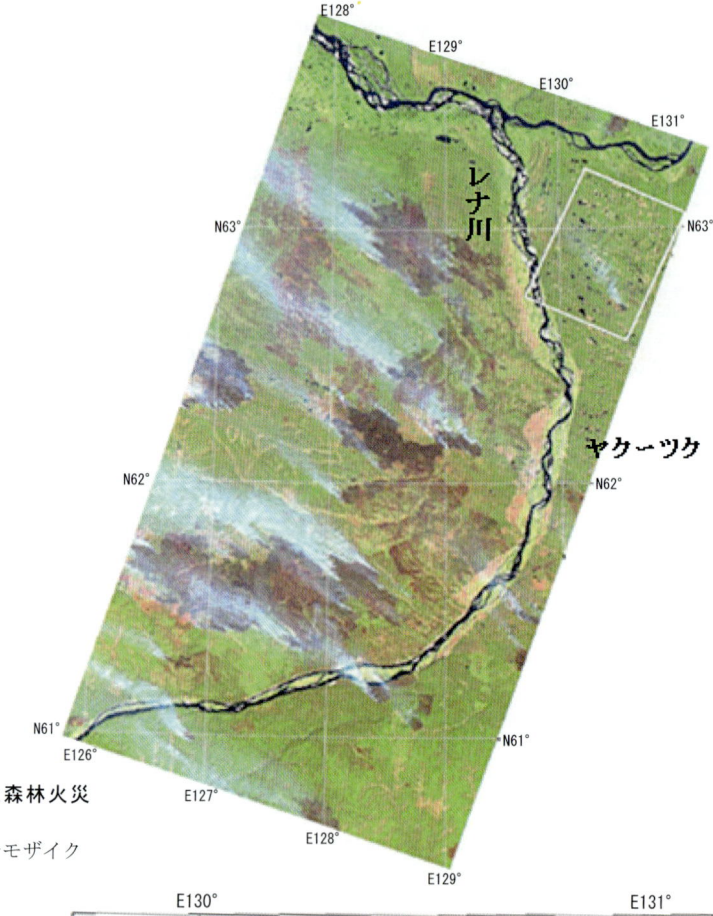

76　第Ⅱ部　宇宙から見る地球の姿

図 2-2-4　ヤクーツク周辺で発生した森林火災
(Landsat ETM+ ; 2002.8.19)
http://glovis.usgs.gov/ より Landsat 画像をモザイク
(U.S.Geological Survey)

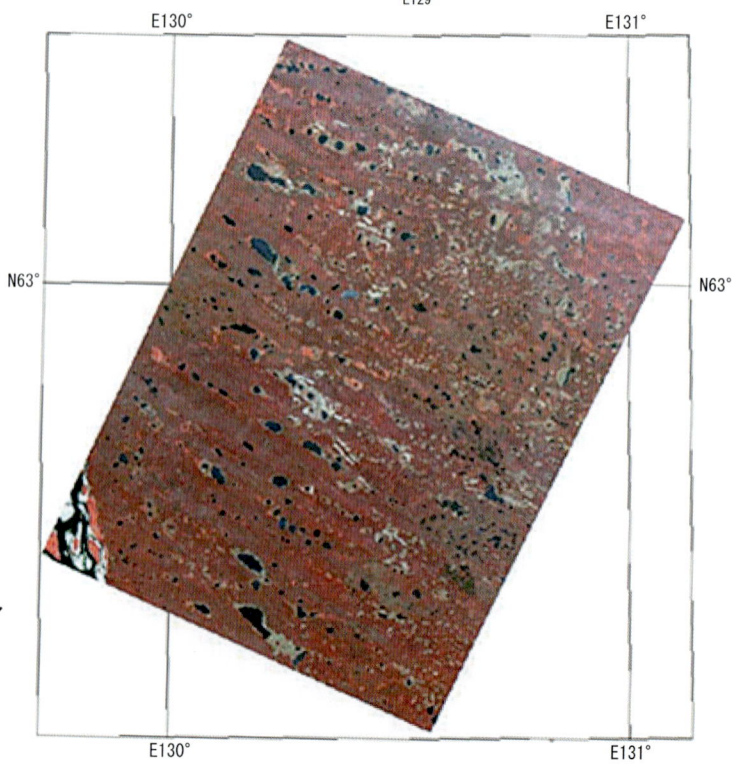

図 2-2-5　ヤクーツク北東部にみられるアラス（Terra/ASTER ; 2001.8.2)
http://glovis.usgs.gov/ より ASTER 画像をモザイク（U.S.Geological Survey/NASA）

(a) Terra/MODIS；2002.8.19

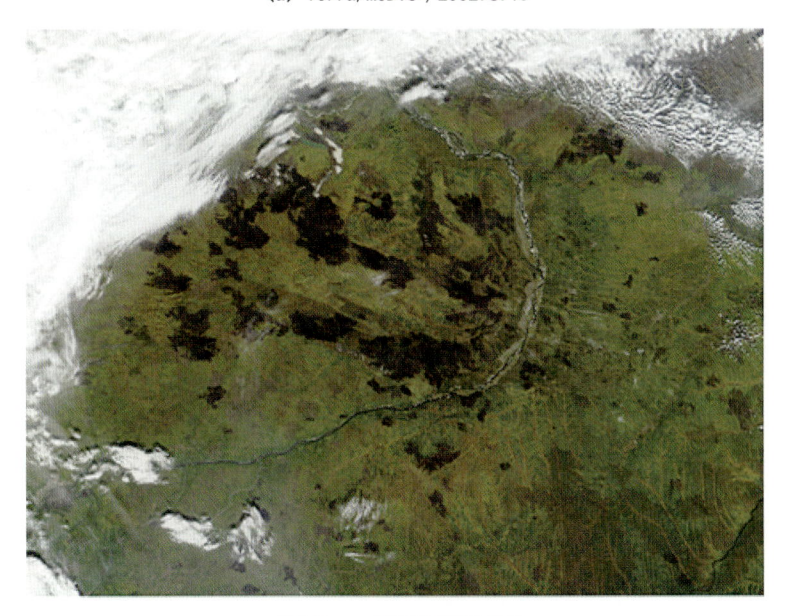

(b) Terra/MODIS 2002.9.9
図 2-2-6　シベリアのヤクーツク周辺の森林火災
（上）多くの火災による煙は北西方向に流れ，（下）鎮火後の地表には広範囲に焼け跡が黒く残されている.
http://rapidfire.sci.gsfc.nasa.gov/gallery/（NASA/GSFC）

のヤクーツク北東のレナ河沿いには，すでに湖となった大小無数のアラスが存在しているのが衛星画像からもうかがえる（図 2-2-5）。
　地球全体の気温上昇が過去 100 年間で約 0.5 度であるのに対し，ヤクーツクでは 120 年間で 2.5 度と高い上昇を示しており，とくに近年の急速な気温上昇が心配されている。
　シベリアの森林地帯では二酸化炭素を吸収し温暖化を抑える森林が，火災により一変し温暖化ガス

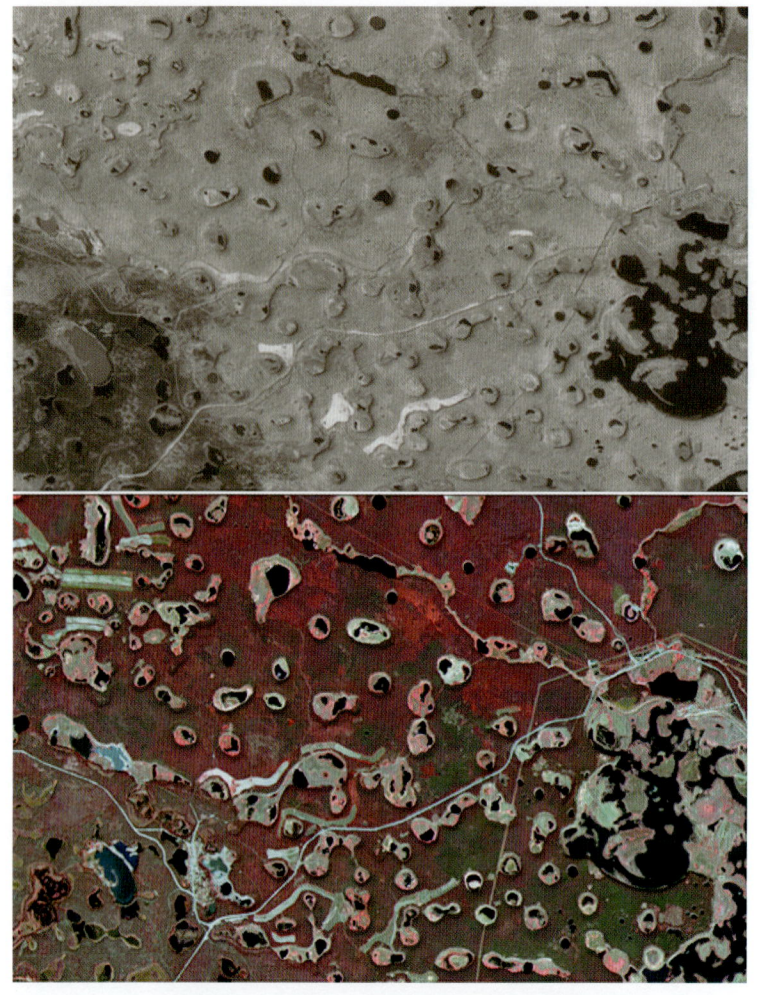

図 2-2-7　ヤクーツク北東部のアラスの変化
2時期の衛星画像からアラス内の湖沼が拡大しているのがわかる．
（上）CORONA；1967.9.20　　（下）Terra/ASTER；2000.8.2

を放出する役割を担うことになってしまう危険性が潜んでいるのである。シベリアの森林と永久凍土とは密接に関連しながら現在の状態で熱バランスを保っており，これを壊すことなく自然とのバランスを持続していくことが必要だといえる。

〔参考文献〕
(1) 福田正己（1996）:『極北シベリア』(岩波新書)，岩波書店．
(2) 木下誠一（1980）:『永久凍土』古今書院．
(3) 安成哲三・米本昌平編（1999）:岩波講座『地球環境学 2　地球環境とアジア』(シベリアと地球環境問題) 岩波書店．
(4) 柿澤宏昭・山根正伸編（2003）:『ロシア森林大国の内実』日本林業調査会．
(5) NHKクローズアップ現代:「シベリア森林大火災　加速する地球温暖化」（No.1800；2003.9.12 放送）

3. 乾燥地域に吹く砂嵐

　乾燥地を吹く強風により巻き上げられた砂塵（ダスト）が中国や韓国の都市をおおい，春先には数 m 先も見えない様子を伝える報道を目にする機会が多くなった。日本でも九州や西日本にかけ霞がかかったようになる。湾岸戦争やイラク戦争時にも砂嵐がたびたびニュース映像に映し出されていたので，思い出される方も多いのではないだろうか。アフリカ，中東，中央アジアなど内陸にある乾燥地域でみられる現象であるが，最近その頻度や規模が大きくなり，周辺で暮らす人々の健康や生活などにも大きな影響をきたすようになった。

　図 2-3-2 は，2002 年 4 月 2 日に OrbView-2/SeaWiFS 衛星により撮影された画像である。画像には黄褐色の

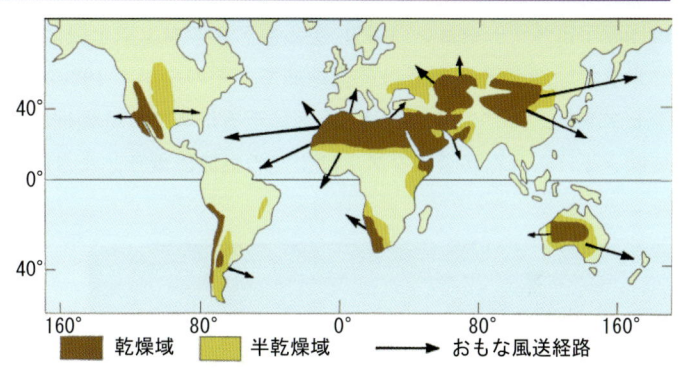

図 2-3-1　世界の乾燥域分布とダストの風送経路（Pye，1987）
（『大気水圏の科学　黄砂』より）

図 2-3-2　日本海から太平洋上に移動する黄砂
（SeaWiFS；2002.4.2）
http://earthobservatory.nasa.gov/NaturalHazards/natura_hazards_v2.php3?img_id=2639（NASA）

図 2-3-3　国際宇宙ステーションから見た西アフリカの砂嵐（ISS004-E-12080；2002.5.18）
アフリカ大陸から大西洋にかけダストでおおわれている。http://eol.jsc.nasa.gov/sseop/images/EO/lowres/ISS004/ISS004-E-12080.JPG（NASA）

雲が朝鮮半島から日本海，さらに太平洋上にかかっている様子が映し出されている。中国大陸から運ばれてきた「黄砂」である。これは中国内陸部の乾燥地域の上を発達した低気圧が通り抜ける際，強風によって吹き上げられたダストが偏西風によって1月下旬〜4月にかけて日本へ運ばれる現象である。日本では黄砂現象としてお馴染みであるが，こういった砂嵐や黄砂現象は図2-3-2にみるように世界中の乾燥地域で頻繁に起きており，グローバルな環境問題として関心が高まっている。図2-3-3は国際宇宙ステーション（ISS）から西アフリカ上空を捉えた砂嵐の様子である。

　世界の陸地面積の34%は乾燥地域で，そのなかで19%は砂漠である。とりわけ北アフリカからアラビア半島，西アジア，中国中央部に至る地域では乾燥地域が連なる。これら乾燥地域で強風によって吹き上げられた多量のダストは上空の気流に乗り，まさに地球規模での移動をみせている。最も顕著な砂嵐は，中国北西部・モンゴル地域と北アフリカで発生するものである。中国北西部で発生する砂嵐のダストは，上空の偏西風により東へ運ばれ，太平洋を越え1万1000km先のアラスカでも観測されている。一方，北アフリカで発生する砂嵐では，サハラ砂漠から西へ向かうダストが貿易風に乗り大西洋を越え，カリブ海や中南米まで達しているのが観測されている。いずれも毎年発生する大規模な現象である。1930年代に米国の中西部では，干ばつと放棄された耕作地や放牧地などが原因となり，大規模な砂嵐（ダストボール）が多発し人的および経済的大被害が発生したが，これと同じ状況が中国やアフリカなどにも起こるのではないかと懸念されている。

[中国大陸の砂嵐]

　中国でみられる大規模なダストはおもに3〜4月にかけて頻発し，中国の北京や上海では空港が閉鎖されるなど激しい砂嵐に見舞われる。図2-3-4は中国西部で発生した黄砂が，日本付近に飛来する様子をTOMSによって捉えた画像である。日本の北を4日間かけ通過しているのがわかる。日本でも毎年気象庁が黄砂観測を行っており，予報を出している。気象庁の観測点113カ所では2000年から黄砂

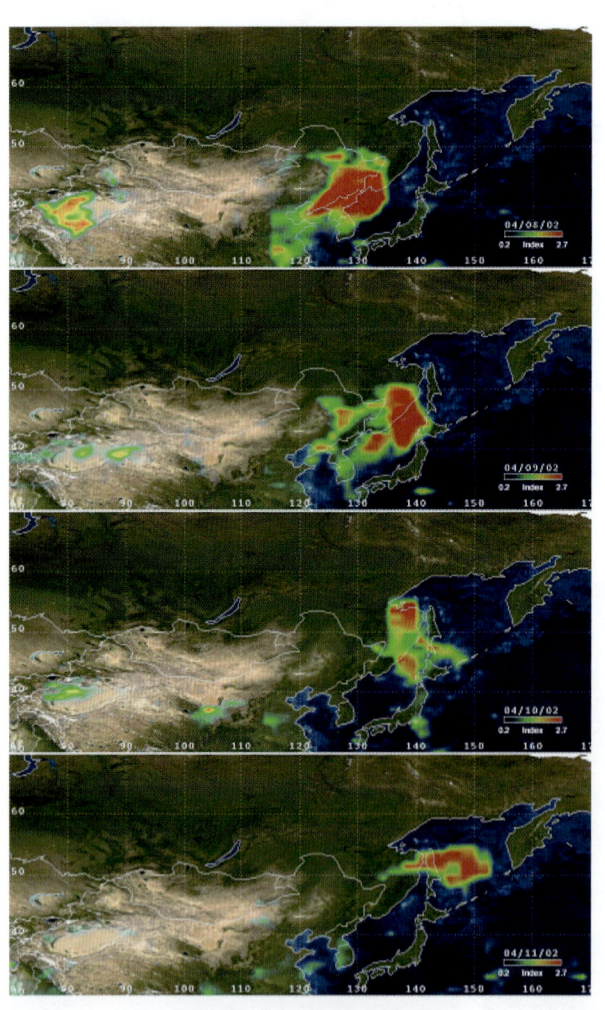

図2-3-4　3 黄砂の移動
（TOMS；2002年4月8〜11日）

エアロゾル（黄砂）は赤色ほど高濃度である。TOMSはリアルタイムで得られる。
http://jwocky.gsfc.nasagov/aerosols/today_plus/yr2002/mages2002.html
（NASA/GSFC）

図 2-3-5　中国北東部を移動する砂嵐（Aqua/MODIS；2004.3.10）
http://rapidfire.sci.gsfc.nasa.gov/gallery/?2004070-0310/China2.A2004070.0435.1km.jpg（NASA/GSFC）

観測件数が増加し，2002 年には 57 日と過去最多になったが，その後の 2003 年，2004 年はやや減少している。運ばれるダストの量は毎年 2 億〜3 億トンにのぼり，日本には 100 万〜300 万トン（1〜5 トン /km^2/ 年）が飛来すると推定されている。図 2-3-5 は中国北東部で発生した砂嵐の画像である。強い北西風ですじ状となり移動している様子がみえる。

　砂嵐の発生地域と考えられている中国北西部は，海から離れた内陸部であることや大山脈帯の風下であるといった地形的要因で，年間降水量は 400mm 以下の乾燥地域である。このためダストの供給源となるタクラマカン砂漠，ゴビ砂漠など多くの砂漠が存在し，さらにレス（loess）の厚く堆積した黄土高原などが広がっている。

　黄砂の粒子は数 μm から数十 μm（1μm は 1,000 分の 1mm）であるが，運搬される間に粒子の大きなものほど早く落下する。日本では 5〜20μm と細かなダストが多く飛来する。粒子直径が 10μm 以下の細粒子（PM10 あるいは SPM）は呼吸器官へ悪影響を及ぼす可能性が高く，この黄砂による浮遊粒子物質（SPM）濃度が環境基準を上回る日が日本でも増加している。さらに急速に工業化の進む中国では，ダストの中に産業汚染物質（砒素，カドミウム，鉛）が取り込まれているため，その影響も懸念されている。

　一方，黄砂の発生や輸送メカニズムも徐々に解明されつつあり，黄砂飛来時のエアロゾル一斉捕集調査，衛星やエアロゾルライダーを用いた解析，モニタリング・ネットワークなど中国や韓国などと協力した研究も行われている。図 2-3-4 は紫外線帯域センサ TOMS を搭載した衛星から解析されたエアロゾルインデックス画像である。大規模なダストが東北，北海道を 3〜5 日かけ通過する様子がわかる。エアロゾルライダー観測では，パルスレーザ光を大気中に放射しその後方散乱光の強度と時間の遅れを計測することで，飛来高度の鉛直分布を捉えることができる。これによりダスト発生地域や気象状況などにより，その高度などが異なることがわかってきた。

近年，中国での黄砂の発生日数が増え続けていることから，乾燥地域での乾燥化がさらに進んだのではと考えられている。中国環境保護庁は，ゴビ砂漠が1994年から1999年までに5万km²に拡大し，その縁は北京の北240kmまで迫っていることを報告しており，この環境変化の要因として過度の耕作，過放牧，および広範囲の森林伐採を指摘している。国連環境計画（UNEP）は，北東アジアで砂嵐の発生頻度が1950年代に比べ5倍近く増加していると警告しており，さらなる植林など砂漠化の進行を抑える国際的な事業の検討を求めている。

［北アフリカの砂嵐］

北アフリカは雨をもたらす熱帯前線帯（ITCZ）が北上しない亜熱帯高圧帯に位置している。このため降水量は年間100mmに満たないサハラ砂漠をはじめ，広い範囲が乾燥地域となっている。この乾燥地域では亜熱帯高気圧から吹き出す北東の風（ハルマッタン）によって，ダストストームが多く発生する。この細粒ダストは粘土や珪藻土であり，毎年約2億～3億トンものダストが生産される。サハラから上空に巻き上げられたダストは大西洋を越え，カリブ海や北中米および南米まで運ばれる。米国マイアミ半島では1970年代初めからダストが増加しており，図2-3-6にみるように，とくにアフリカで干ばつが起きた期間（1973, 83, 87年）ではその観測回数も増えている。北アフリカで発生するダストは北方向には地中海を越えヨーロッパや北極海に達するものや，東方向へは紅海を越えアラビア半島にも運ばれるものもあり，少なからぬ影響を与えている。図2-3-7は北アフリカで発生した大規模な砂嵐で，大西洋へ拡がる様子を捉えたものである。

遠くに運ばれるダストは人が吸い込むと肺から取り除くことができないほど小さな土粒子（2.5μm未満）であり，さらにその小さな粒子にはさまざまな微生物や細菌も付着している。このため米国地質調査所（USGS）の研究者は増加するダストに対する人の健康への影響と同時に，カリブ海における珊瑚の死滅や衰退の原因となっていることを指摘している。アフリカから飛来するダストについては，チャールズ・ダーウィンも1845年の測量船ビーグル号での航海のおり，大西洋上で集めた土粒

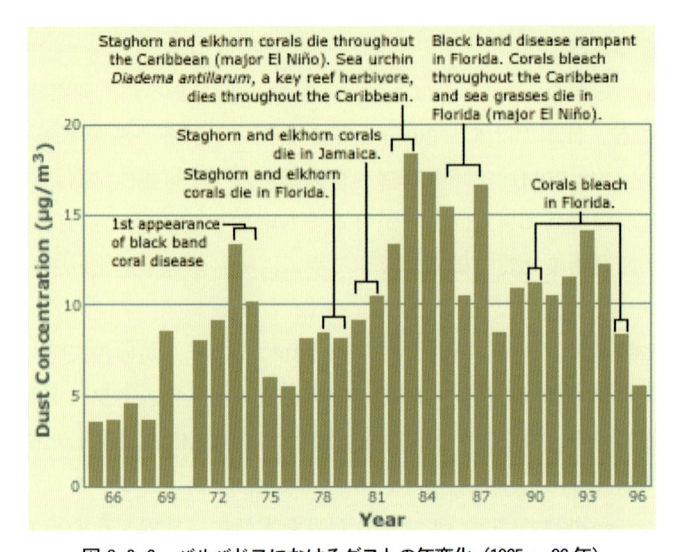

図2-3-6　バルバドスにおけるダストの年変化（1965～96年）
1970年代に入りアフリカからのダストが増加し，カリブ海の珊瑚にも影響を与えている．
http://coastal.er.usgs.gov/african_dust/barbados.html　（U.S.Geological Survey）

(a) Aqua/MODIS (2004.3.3)　　(b) Terra/MODIS (2004.3.4)　　(c) Aqua/MODIS (2004.3.5)

図2-3-7　アフリカ北西部で発生した大規模なダストの移動
http://rapidfire.sci.gsfc.nasa.gov/gallery/?2004063-0303/Sahara2.A2004063.1415.2km.jpg
http://rapidfire.sci.gsfc.nasa.gov/gallery/?2004064-0304/Canary.A2004064.1155.2km.jpg
http://rapidfire.sci.gsfc.nasa.gov/gallery/?2004065-0305/Dust.A2004065.1405.2km.jpg（NASA/GSFC）

子の中から顕微鏡を用い生きた微生物を発見している。また，1988年の大規模な砂嵐の時には，アフリカ砂漠バッタ（*Schis-tocerca gregaria*）が西インド諸島のアンチグア，バルバドスおよびトリニダードに生きたまま運ばれたという報告もあり，ダストの発生が微生物や昆虫の移動にも大きくかかわっていることがわかってきた。

　自然的なものであれ人為的なものであれ，乾燥地域の拡大が近年の砂嵐の発生を助長していると考えられる。そのおもな要因として，地球温暖化や過耕作などの土地荒廃による砂漠化などがあげられており，その解決には地球規模での森林伐採の抑制や適正な土地利用が求められる。実施には国際的な長期計画に基づく施策や政治・経済的支援が不可欠である。

（参考文献）
(1) 名古屋大学水圏科学研究所編（1991）:『大気水圏の科学　黄砂』古今書院.
(2) 吉野正敏（1997）:『中国の砂漠化』大明堂.
(3) Stefano Guerzoni, R.Chester（1997）: *The Impact of Desert Dust Across the Mediterranean*（Environmental Science and Technology Library, V. II）, Kluwer Academic Publishers.

4. サヘルで揺れるチャド湖

　アフリカの乾燥化は1950年代から始まった。1972～73, 83～84年には大干ばつに見舞われ深刻な飢餓問題も発生している。その後も乾燥化の状況は変わっておらず，近年はこれに人為的影響が加わり乾燥化を増大させる悪循環に陥っている。とくにサハラ砂漠南縁にあたるサヘル地域は，気候変動による環境変化の影響を受けやすい。チャド湖もまさにこの縁に位置しており，さまざまな変化のなかで翻弄されてきた湖である。

　チャド湖はニジェール，チャド，ナイジェリア，カメルーンの4カ国にまたがるアフリカ4番目の大きさの淡水湖であった。図2-4-1は，湖水を満々とたたえた1960年代のチャド湖の様子を，アポロ7号宇宙船から南方向を望んだ画像である。しかし，1960年代初めまでは25,000km^{2}の広大な面積を誇っていたが，現在は1,350km^{2}と約20分の1にまで縮小している。湖の縮小は1960年代中ごろから始まり，以来頻発した干ばつにより北半分はほぼ干上がり，南部には現在とほぼ同じ大きさの湖が取り残されていた。湖の平均水深は1.5mと浅く，また平坦な湖盆形態のためわずかな水位低下が湖岸線の急速な後退を招いたとされている。湖の中心は開水域となっているが，周辺ではヨシ，パピルス，ガマなどで埋め尽くされた広大な沼沢地や湿地帯が広がる。ニジェールやチャド国内の湿地

図2-4-1　アポロ7号宇宙船から見たチャド湖（1968年10月）
40年前には広大な水をたたえたアフリカを代表する湖であった．（AS07-8-1932）
http://eol.jsc.nasa.gov/scripts/sseop/photo.pl?UID=SSEOP&PWD=sseop&mission=AS07&roll=8&frame=1932（NASA）

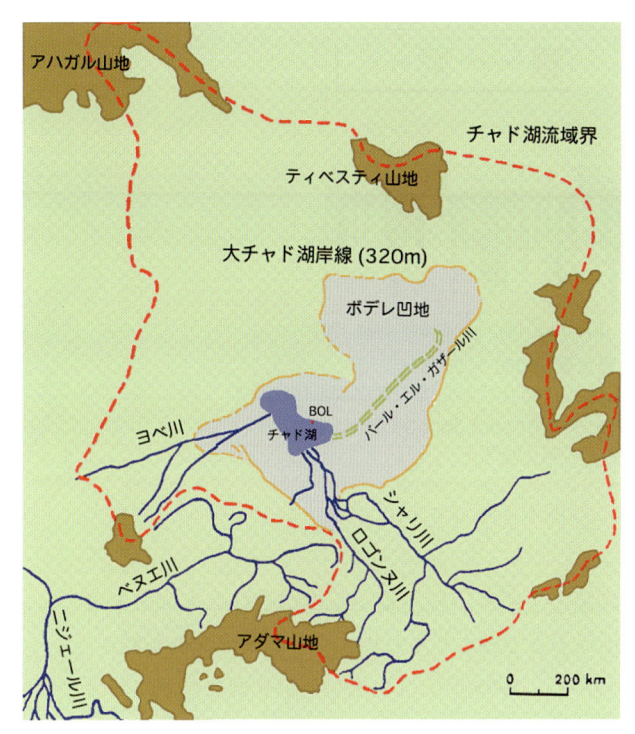

帯はラムサール条約に登録されており、チャド湖流域委員会（LCBC）などとともに湿地および野生生物の保護、管理が行われている。湖の周辺の住民は家畜や灌漑により生計を立てているが、乾燥化による慢性的な食糧不足があり不安定な生活が続いている。

歴史的にもチャド湖の大きさは一定していたわけでなく、拡大と縮小を繰り返してきた。過去1,000年間をみても何度か消失することがあり、湖もその形を変えてきた。その大きさから「大チャド湖」、「中チャド湖」、「小チャド湖」と呼ばれている。衛星画像にも湖面やその周辺に多くの砂丘群が形成されている様子が見られ、かつては湖が完全に干上がりここが砂漠地帯であったことが想像できる。乾燥期の古い固定砂丘は、現在の位置からさらに数百km南まで存在していることも知られている。反面、チャド湖の東には湖から流出する水のない蛇行した河川（バール・エル・ガザール川）が残されており、近年まで水位の高い時期のあったことがわかっている。紀元前9000〜8000年と6000年ころには、現在より平均水面は40m高く、その標高320m付近に残された浜堤跡からも、水量の豊富な湖が存在したことが推定され

図 2-4-2　チャド湖流域の概念図

CORONA；1968年3月28日　　　　LANDSAT；2000年5月2〜20日

図 2-4-3　チャド湖の変容
湖の縮小は1960年代から始まり、80年代後半から90年代初めにかけ最も縮小した.
http://edcsns17.cr.usgs.gov/EarthExplorer/ (U.S. Geological Survey)

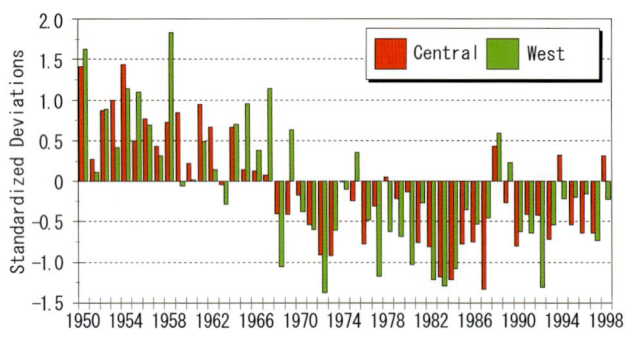

図 2-4-4　サヘル地域の降水量（1950 〜 98 年）
縦軸は 1950 〜 90 年の平均降雨量に対する偏差．1960 年代から降水量は減少している．
C.W.Landsea *et.al.* :June to September Rainfall in North Africa:A Seasonal Forecast for 1999.
http://hurricane.atmos.colostate.edu/Forecasts/1999/sahel_jun99/

ている．さらに，最も湖の拡大した5万5000年前には湖水がベヌエ川に溢れ，ニジェール川からギニア湾に流出していたと考えられている（図2-4-2）。

　近年のチャド湖の水位変化は，水位計による実測値とナイル川の水量から推定された水位から追うことができる（図2-4-5）。このグラフでは1800年代末まで湖水が溢れ出すぐらいの高水位が続き，1870年代，1890年代にピークを迎えていたことがわかる。1908年には水位が下がり南北の湖に分離するものの，その後徐々に水位は回復し，1950年代に入り再び灌漑システムを冠水させるほど水位が上昇している。1962年には20世紀の最高水位となった。しかし，1960年代後半からは図2-4-4にみるように，降水量の減少に呼応するかのように急速な水位の低下が始まり，現在にいたっている．

かつて船上から行われていた水位観測も，現在では砂漠の中に水位計だけが取り残されている

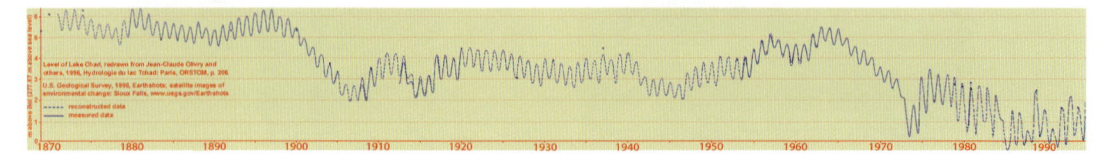

実測値およびナイル川の水量から推定された水位
図 2-4-5　チャド湖の水位変化
http://edcwww.cr.usgs.gov/earthshots/slow/LakeChad/LakeChad（U.S. Geological Survey）

図 2-4-6　チャド湖を覆う砂嵐（MODIS；2003.4.9）
http://earthobservatory.nasa.gov/Newsroom/Newimages/images.php3?img_id=14778（NASA）

とりわけ 1966 〜 75 年には急激な低下をみせている。TOPEX/Poseidon 衛星による 1990 年代後半の水位観測では，いぜん低水位のままではあるが，1993 年以来およそ 1m の水位上昇を観測しており，ひとまず安定した状態が続いている。

　チャド湖の集水面積は 7 カ国 250 万 km^2 にも及び，その北部地域のほとんどが砂漠地帯である。冬季（11 月〜 5 月）には亜熱帯高気圧が南下し，北東の風が強まり砂嵐が頻発する。年間降水量は湖の北東に位置するボル（BOL）の町で平均 315mm（1954 〜 72 年）が観測されており，チャド湖周辺でも約 150 〜 500mm にすぎない。一方，湖からの潜在蒸発量は年間約 2,000mm に達すると推定されている。このため湖水量の 20 〜 80% は河川からの流入水に依存するものとなっており，河川水量の変化は湖の環境を変える大きなファクターとなっている。現在，チャド湖へ流入する河川は，シャリ川，ロゴンヌ川，ヨベ川があり，流出河川はない。湖に流れ込む水量の 90% はシャリ川からによるものであり，湖の南東に広がる河口付近は灌漑地域となっている。湖の北西にあるヨベ川は雨期の時にのみ水量がみられる。

　シャリ川の水量は 1930 年代から 1960 年代には年間当たり平均 400 億 m^3 程度であったが，1960 年以降に頻発する干ばつやそれに伴う水需要の増大，さらに 25 年で 4 倍になった灌漑面積により，現在では年間当たり約 150 億 m^3 とおよそ 1960 年代の約 3 分の 1 に減少した。しかし，湖が縮小したにもかかわらず流域住民の生活のための主要産業は，漁業やソーダ採掘より河川沿いの綿花などの灌漑農業にあるため，湖への関心度は低い。一方，後退した湖には 50 万 ha の可耕地も生まれており，砂丘間の窪地では米，小麦，ミレット，野菜などを耕作する地域もみられる。図 2-4-7 は南湖盆の砂丘間に残された水域と集落を捉えた衛星画像である。水域周辺には多くの干拓地が点在する。拡大部分は BOL の集落で，かつて作家アンドレ・ジイドも船で訪れ，『コンゴ紀行』のなかでその様子を伝えている。

　今までにも LCBC を中心にいくつかのチャド湖開発プロジェクトが進められてきたが，各国の思惑や不十分な計画，紛争などにより必ずしも成功していない。チャド湖の南西で行われたナイジェリ

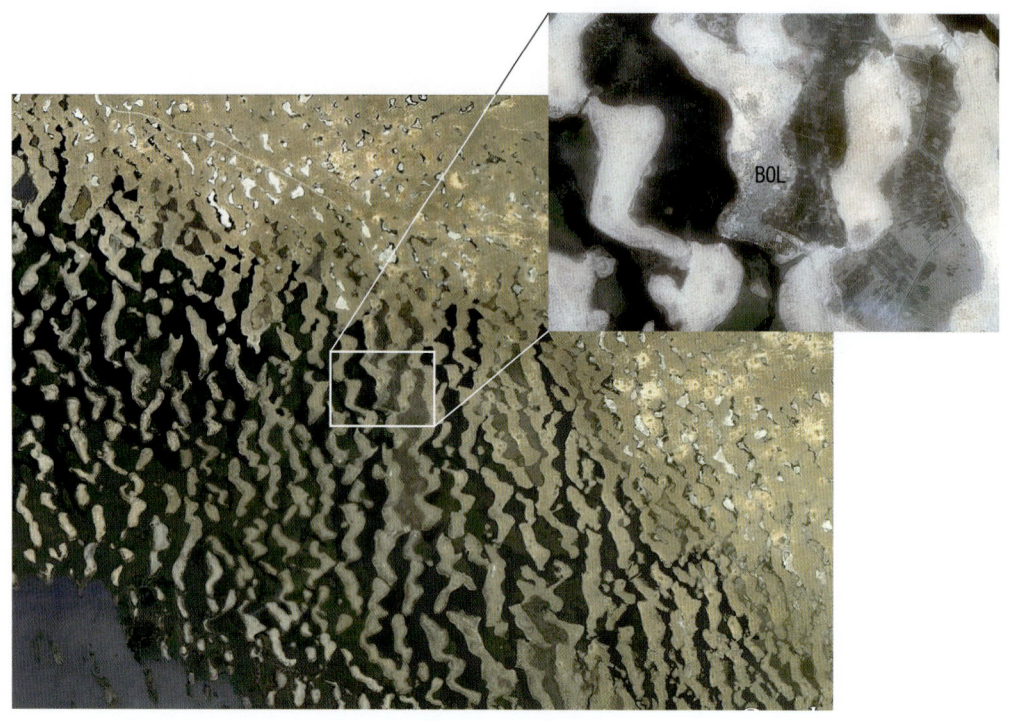

図 2-4-7 南湖盆湖東部の砂丘間に残された水域（NASA）
湖周辺には多くの集落や干拓地が点在する．拡大部分は BOL の集落．

ア南部チャド灌漑計画（SCIP）もその一つであった．1962～63年から始められた計画は，67,000ha を灌漑し 55,000 人を定住させようというものであった．しかし計画が湖水位に依存しており，相次いだ干ばつにより十分な結果とはならなかった．湖の回復には，チャドの南に位置する中央アフリカ共和国のコンゴ川流域から運河で取水する計画案も持ち上がるほど，水問題は深刻な事態となっている．

湖の縮小には，アフリカの乾燥化による自然的要因が大きくかかわっているものの，チャド湖周辺の水利用の増加など人為的要因もかなりあり，河川水の水利用が今後の湖の行方を決めかねない．チャド湖を含むサハラ砂漠南縁のいわゆるサヘル地帯は，砂漠化と隣り合わせの自然環境にあり，気候の変動に敏感でしかも環境変化に脆弱である．そのためわずかなバランスの変化が大きな変化に結びつきやすい．

長引く乾燥化や繰り返し襲う干ばつは，チャド湖周辺に住む 830 万人の人たちの生活を脅かしている．持続的生活や環境を維持するには，サハラ砂漠の南縁にある浅い湖の単なる水資源の確保だけでなく，広範囲な長期的土地利用とあわせ総合的に考えていかなければならない問題である．

（参考文献）
(1) 門村　浩（1984）：チャド湖とサーヘル．地理，29-9．
(2) 門村　浩（1990）：サハラ　その起源と変遷．地理，35-7．
(3) 門村　浩・勝俣　誠（1992）：『サハラのほとり』TOTO 出版．
(4) Sylvia K. Sikes（2003）: *Lake Chad Versus the Sahara Desert*, Mirage Newbury.
(5) 磯部邦昭・山本哲司・杉村俊郎（1999）：米国・ロシアの高分解能偵察衛星写真利用の試み．写真測量とリモートセンシング，38-1．

5. 消えゆくキリマンジャロの雪

　19世紀半ば，ヨーロッパではアフリカで「神の家」と呼ばれる白く輝く山があることを信じる人はいなかった。赤道からわずか南へ320km，タンザニアとケニア国境にあるアフリカ最高峰の山，キリマンジャロ山（5,895m）である。世界でも有数の火山の一つであり，作家アーネスト・ヘミングウェイの『キリマンジャロの雪』の舞台でもある。ここでは熱帯地域でありながら山麓のサバンナから氷河の存在する山頂の極寒地まで独特な生態環境が形成され，多種多様な動植物の宝庫となっている。1987年にはキリマンジャロ国立公園（タンザニア）として世界遺産にも登録されている。しかし，近年になり周辺地域の乾燥化や山頂にある氷河の減少など，キリマンジャロ山をとりまく環境の変化が顕著になり始めており，ここで生活する人々にとって大きな問題へ発展する可能性が指摘されている（図2-5-1）。

　キリマンジャロ山は東アフリカ大地溝帯の変動によって続いた三つの火山活動で形づくられたコニーデ型の山である。約75万年前に現在のシラ峰（3,962m），マウエンジ峰（5,149m）の山が噴火し，約30万年前にその中央で噴火したキボ峰（5,895m）が合わさり東西80km，南北50km，面積約3,885km^{2}の広大な山体を形成した。山体には南東－北西方向に250もの円錐状の噴石丘がみられる。キボ峰の山頂には，直径2.5kmのカルデラとその内側に800mのクレータ（Reasch Crater）があり，かつてはこれらを覆うように厚さ100mもの氷河が存在していた。1889年ドイツ人のハンスマイヤーによって初登頂され，現在は年間約2万5000人もの登山者が訪れている。キリマンジャロ山では標高1,600mから3,100m付近にかけ山体を森林地帯が取り囲んでおり，タンザニアでは1921年にはす

LANDSAT(1993.12.25)を使用した鳥瞰画像　　　　　　LANDSAT(2000.2.21)を使用した鳥瞰画像
図2-5-1　キリマンジャロ山の氷河および冠雪域の変化
近年，山頂の氷河が急速に縮小している．
http://earthobervatory.nasa.gov/Newsroom/NewImages/Images/Killimanjaro_Is5_1993048_Irg.Jpg
http://earthobervatory.nasa.gov/Newsroom/NewImages/Images/Killimanjaro_etm_2000052_Irg.Jpg　（U.S.Geological Survey）

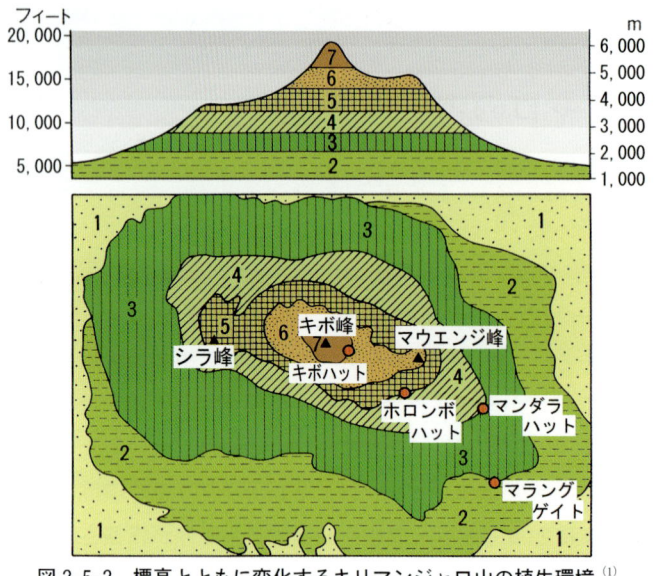

図 2-5-2　標高とともに変化するキリマンジャロ山の植生環境[1]
　1：サバンナ，　2：低地降雨林，　3：山地降雨林，　4：ヒース，
　5：湿原，　　　6：山岳砂漠，　　7：山頂

でに森林保護区に指定し，その領域の一部は1973年に国立公園として公開している。さらに1977年には標高2,700m以上をキリマンジャロ国立公園（756km^2）とし，新たに開設するなど自然保護活動が進められてきた。

キリマンジャロ山周辺は11〜12月，3〜5月の2回にわたる雨期と8〜10月の乾期があり，降水量は南東から吹き付ける卓越した風によって南斜面で多く，高度の上昇とともに減少してゆく。森林地帯のマラングゲイト付近（1,830m）で年間平均降水量は2,300mm，森林地帯の上限に近いマンダラハット（2,740m）で1,300mm，ホロンボハット（3,718m）で525mm，キボハット（4,630m）で200mm以下となる。

キリマンジャロ山では標高とともに植生環境も大きく変化する（図2-5-2）。

キリマンジャロ山麓のおよそ標高800mの平地一帯にはサバンナの草原が広がり，そこから1,800mまでの山麓斜面にかけては草地や耕作地となっている。かつては低地森林帯であった斜面も，家畜や耕作地として利用され自然植生パターンが大きく変化したゾーン（標高帯）である。

標高1,800〜2,800mでは豊かな山地降雨林が形成されており，年間降雨量は北および西斜面でこそ約1,000mm程度であるが，南斜面では約2,000mm以上となる。キリマンジャロ山の96％の水はこの熱帯雨林で生じている。とりわけ標高2,500〜3,000mでは厚い雲に覆われることが多く，雲霧林と呼ばれる森林地帯を形成している。ケニア山など東アフリカの山地では，2,100〜2,700m付近には竹林がよくみられるが，キリマンジャロ山の森林地帯には竹林がほとんどみられないのも特徴となっている。

雲霧林の上は一変し乾燥化しており，標高2,800〜4,000mではヒース（高山草原）や湿地草原（荒原）となる。3,800m付近の荒原にはジャイアントセネシオ（キク科），ジャイアントロベリア（キキョウ科）など，厳しい環境の中で不思議に巨大化した植物が多く分布する。

さらに標高4,000mを超えると広大な高山砂漠が続き，日中は真夏で夜間は真冬という大きな気温較差となる。年間降水量は250mmほどであるが，多孔質の溶岩であるため雨水が浸透してしまい，高々度でも砂漠のような世界が広がっている。4,500mからは氷河が覆い始め，年間降水量は100mm以下となる。動物にとっても厳しい環境であるが，1926年には凍ったヒョウの死体がなぜか頂上付近の火口で発見されている。

キリマンジャロ山の氷河は1912年の12.1km^{2}から2000年の2.2km^{2}と82％が消失しており，ここ

図 2-5-3　国際宇宙ステーションからキリマンジャロ山頂を望む（ISS009E13366；2004.6.28）
冠雪した火口周辺にみられる氷河（赤線）が急速に縮小している．
http://eol.jsc.nasa.gov/debrief/Iss009/topFiles/ISS009-E-13366.htm（NASA）

30年でも半減している．とりわけ北斜面での減少が著しく，氷河は2015～20年には消滅するだろうと予測されている（図2-5-3）．現在，キボ峰に残された氷河は標高4,500mから頂上にかけみられるが，三つの峰を含む標高3,600m付近にもモレーンやデブリなどによる氷河作用の跡が残されており，かつては1,000m近く低い高度にまで氷河で覆われていたことがわかる．

現在，多くの科学者がキリマンジャロ山の氷河後退を説明するため，氷床コアの採取，自動観測所（AWS）の設置，コンピュータモデルや画像解析などを行っている．最も有力な氷河消失の原因として地球温暖化があげられている．地球規模の気温上昇が赤道直下の高山においてもその兆候として現れたものといわれている．しかし，これも複雑な要素が絡み，そう単純ではなさそうである．気象データと氷河の消失面積などに食い違いなども指摘されている．さらに熱帯地域の氷河後退がすでに1850年代頃には始まっており，化石エネルギーの影響が始まる以前からの気候シフトの結果であり自然サイクルの一部であるとする研究もある．

氷河の縮小は地球温暖化だけでなく，火山活動の影響も加わった結果とも考えられている．火口周

図2-5-4　ビクトリア湖からキリマンジャロ山にかけての東部アフリカ（Terra/MODIS；2003.2.2，NASA/GSFC）
http://rapidfire.sci.gsfc.nasa.gov/gallery/?2003033-0202（NASA/GSFC）

辺にある30mの切り立つ氷河は，火山の発する熱により氷壁が削り取られており，クレーターやテラスにある噴気口の温度は70～140℃にもなる。キリマンジャロ山も数世紀前までは活発であったといわれており，現在でも火口の地下120mでマグマが活動しており，再び火山活動の活発化を懸念する地質学者もいる。さらには火山活動による山腹斜面の大規模な地すべりの可能性が指摘されている。

　図2-5-4はビクトリア湖からキリマンジャロ山にかけての東アフリカの衛星画像である。東アフリカ大地溝帯にあたり，多くの火山が分布する。キリマンジャロ山（タンザニア，ケニア），ケニア山，ルウェンゾリ山（コンゴ民主共和国，ウガンダ）には，山頂に氷原が見られる．

　このキリマンジャロ山を取り囲む領域にある蒸発水量の減少が大きな原因であるとする報告もある。森林伐採や火災による森林の減少や東アフリカ地域の乾燥化に伴う水域の縮小が，蒸発量の減少をもたらし，雲の発生や降水量を減少させ氷河の縮小につながったとする報告である。アフリカは9,500年前には湿潤な気候であり，チャド湖は35万km^2（現在1,350km^2）の水面が広がり，ここからの水蒸気の供給が大きく気候に影響していたと考えられている。ケニアのケニア山（5,200m），コンゴ民主共和国とウガンダ国境のルウェンゾリ山（5,109m）の氷河も同様に，消滅の危機に直面している。これら氷河周辺域は，氷河の後退によって植物の急速な遷移もみられ，生態系への影響が現れ始めている。

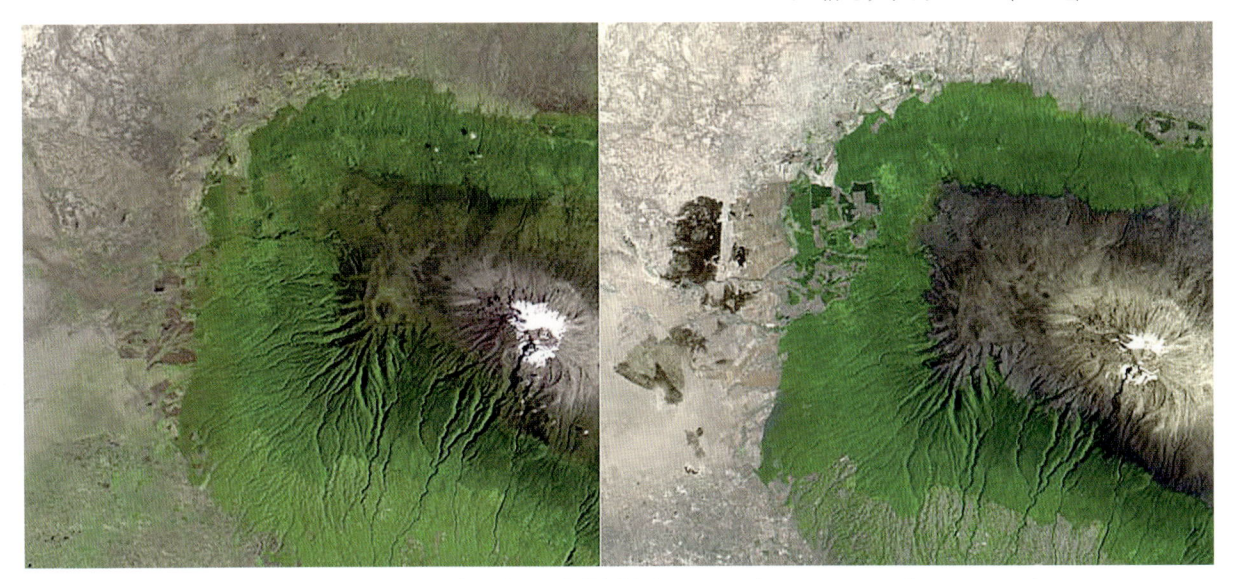

図 2-5-5　キリマンジャロ山麓ですすむ森林伐採（Landsat；左：1976.1.24, 右：2000.2.21）
森林保護区域の西と北東山麓斜面では農園や集落域が拡大している．
（UNEP：Selected satellite Images of Our Changing Environment 2003）

　山麓で暮らす人々にとって，キリマンジャロ山にある氷河の消長は重要な意味をもっている．山頂の氷河は融けて伏流水となり斜面を下り，麓で川や沼などを形成する．これを飲料水や農業用水などに利用し暮らす住民にとって，この水の有無は大きな影響をもたらしかねない．また，キリマンジャロ山の雪の消失による景観の変化は，観光資源としての損失も少なくない．

　さらに，近年キリマンジャロ山周辺では気温上昇や降水量の減少傾向がみられ，南麓では源流水や湧水の減少のほか，乾燥化による地表への塩類の上昇，集積の問題も生じている．周辺の住民は山麓に残された森林を伐採して耕作地を拡大し，森林保護区の中にまで集落を形成している．このため人為的な森林火災も増加している．図 2-5-5 の 1976 年と 2000 年の衛星画像は，キリマンジャロ山の森林地域の変化を捉えたものである．森林から他の土地利用へ変化した地域は，キリマンジャロ山森林保護区のおよそ 12％に及んでいる．森林伐採することによって森のもつ保水力を失い，乾燥化を加速することになるだけに，氷河のみならずこの森林地域の存在も大きな鍵を握っているといえる．植林も進められているものの，わずかにすぎないのが現状である．

（参考文献）
(1) 篠田雅人（2002）:『砂漠と気候』成山堂書店．
(2) 水野一晴（2003）: キリマンジャロの氷河の減少．地学雑誌, 112(4).
(3) UNEP（2003）: *Selected satellite Images of Our Changing Environment*.
(4) Lonnie G. Thompson *et al.*（2002）: Kilimanjaro Ice Core Records: Evidence of Holocene Climate Change in Tropical Africa. *Science*, 18 October 2002, No. 298, 589-593.
(5) Stefan Hastenrath and Lawrence Greischar（1997）: Glacier recession on Kilimanjaro, East Africa, 1912-89. *Journal of Glaciology*, Vol.43, No.145, 455-459.

6. 大河メコンの洪水と環境

　メコン川は世界の主要河川のなかでも，最も開発の手が加えられていない河川であった。そのメコン川流域も急速な人口増加による土地利用の変化や開発が進み，流域環境の劣化が加速している。加えてアジア・モンスーン地帯を流れるメコン川は，洪水による大規模な水害が近年繰り返し発生し，被害が拡大している。そのなかで開発の影響や洪水対策が流域国全体の課題として，あらためて認識されつつある。

　メコン川は中国青海省南部に位置する礼阿曲からの流れを源流として，チベット高原東端の山岳地帯から雲南省西部を南下し，ミャンマー，タイ，ラオスの国境沿いを経てカンボジア，そしてベトナムの南部で南シナ海に注ぐ国際河川である。全長 4,350km，年間流出量 4,750 億 m^3 の東南アジア最大

図 2-6-1　メコン川流域（MODIS ; 2002.1.8）
国際河川のメコン川は，その流域開発をめぐりさまざまな計画が進められている．
http://rapidfire.sci.gsfc.nasa.gov/gallery/?2002008-0108/Thailand.A2002008.0355.500m.jpg（NASA）

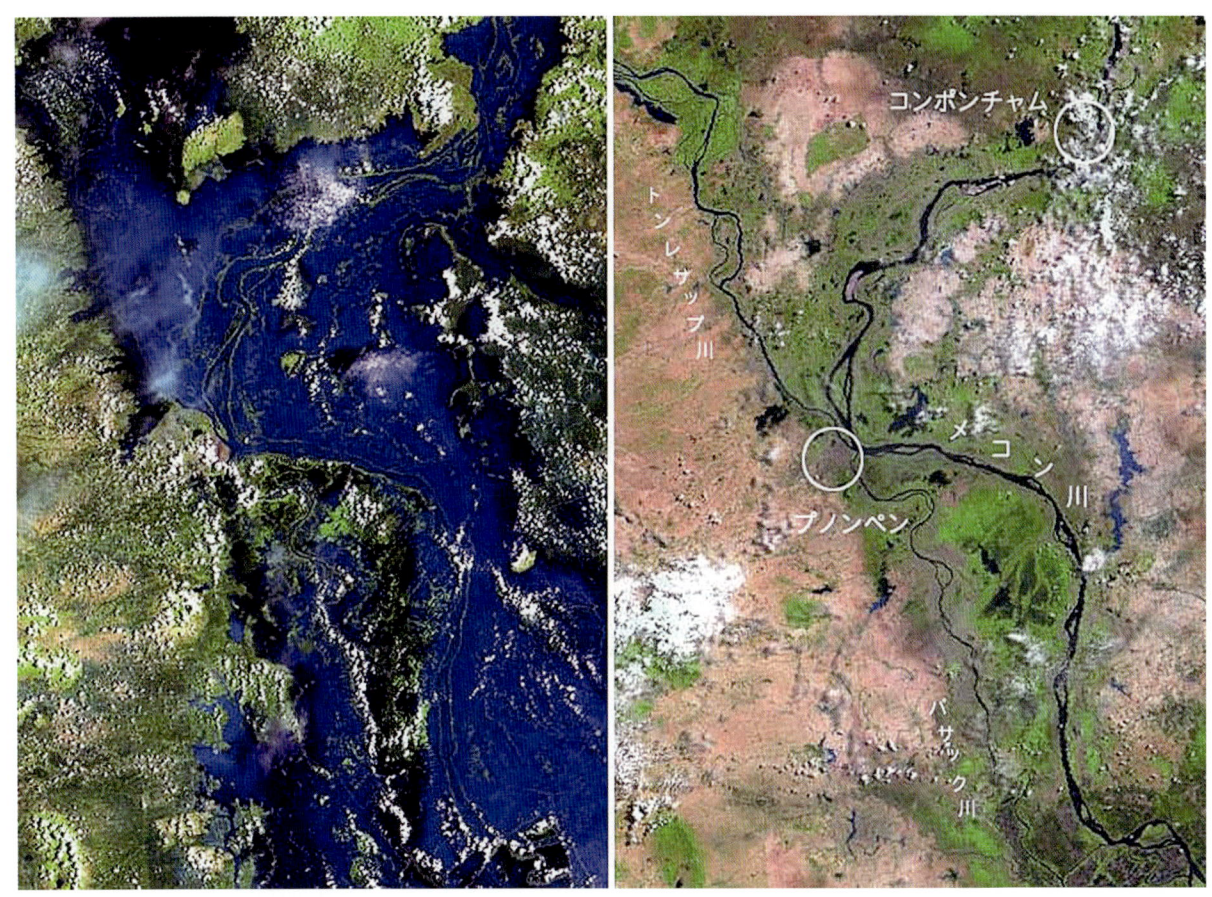

(a) 雨期：2000.9.26　　　　　　　　　　　　　　(b) 乾期：2001.5.8
図 2-6-2　2000 年に発生したプノンペン付近の洪水（Landsat）
http://glovis.usgs.gov/（USGS/NASA）

の河川であり，流域面積は約 795,000km² とフランスやドイツとほぼ同じ大きさに相当する（図 2-6-1）。流量は雨期と乾期で著しく異なり，乾期（11 月～4 月）の流量は，チベット高原山岳地域の水源によって維持される約 1,400m³/s であるが，モンスーンの訪れる雨期（5 月～10 月）にはラオスとベトナム国境に位置するアンナン山脈での降雨により，最大流量が約 30,000m³/s と大きな変動をみせる。

　最近では 1996 年，2000 年，2001 年，2002 年と大きな洪水が頻発した。2000 年の洪水は 1926 年以来最大の氾濫面積を記録している。この洪水でメコン川下流域のカンボジアとベトナムの被害合計は死者 795 人，浸水家屋 1,183,000 戸，浸水した耕作地が 9,100km² に及び，被害総額は 4.3 億 US ドルにのぼった。

　メコン川はカンボジアの首都プノンペン付近で，トンレサップ湖から流れ出るトンレサップ川と合流している。水量の多い雨期には洪水がトンレサップ川を逆流し，120km 上流のトンレサップ湖に流れ込む。逆流することで，トンレサップ湖は下流域における雨期の洪水を緩和すると同時に，乾期には水を供給する機能を果たしている。その貯水による調整効果は 500 億～600 億 m³ と推定されている。このトンレサップ湖に向かった洪水は氾濫して，湖辺の森林，ヨシ帯，草地，水田地帯に流れ込み，乾期に 2,500km² であった水域が雨期には約 16,000km² にも拡大する。

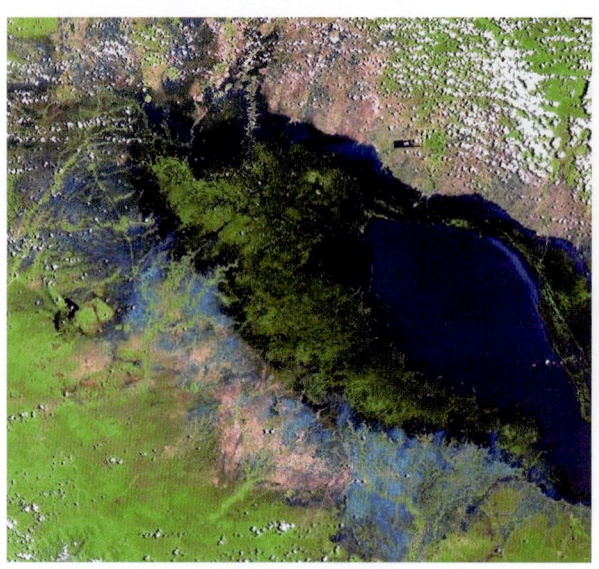

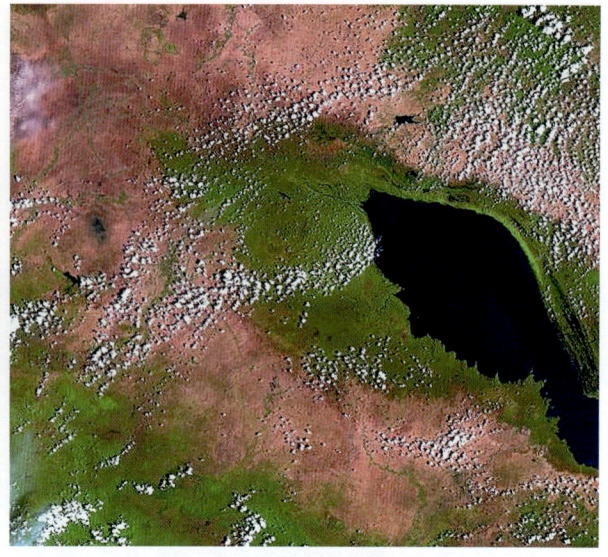

(a) 2000.8.16（雨期）　　　　　　　　　　　　　　　　　(b) 2003.3.18（乾期）

図 2-6-3　トンレサップ湖西部と湿地帯
毎年雨期には湖の周辺に広範囲な浸水域が広がる．http://glovis.usgs.gov/（USGS/NASA）

　反面，自然の遊水地の役割を果たすトンレサップ湖が満水状態で，湖から流出している時期にメコン川で洪水が起こると，かえってその洪水ピークを増大させてしまう．2000年の7月から10月にかけ3度にわたり発生した洪水では，7月からの増水ですでにトンレサップ湖に洪水を受け入れる貯留容量はなく，その後に発生した洪水でメコン川は大規模な氾濫を起こした．図2-6-2の衛星画像でみるように，トンレサップ川と合流したメコン川の洪水は氾濫域を拡大し，バサック川と区別がつかないほどの広がりをみせている．この時には，プノンペンの北側（コップスログ堤防）と南側（チュンプン堤防）にある市内を守る堤防がかろうじて決壊を免れたが，プノンペン市内の浸水位は過去最大となった．市内は恒常的に深刻な浸水被害を受けているほか，生活排水が低地部に停滞し衛生状態の悪化を招いている．このため生活環境や経済活動に深刻な影響を与えており，抜本的な浸水対策が求められている．
　その一方で洪水による恩恵もあり，トンレサップ湖は世界でも有数の単位面積当たりの漁獲量を誇る湖となっている．この湖に頼って生計を立てている人口は400万人，とりわけ漁獲高は年間23万トンで，これは全漁獲高の50％にも相当する．ところが，近年その漁獲量が減少している．人口の増加に伴う漁業者数の増加，近代漁具の普及による急激な漁業圧が高まった結果といわれている．さらに各漁業間の軋轢も高まり，大規模漁業の漁業者と地域の零細漁民との間で，資源利用をめぐる争いが各地で頻発している．このまま漁業資源の減少が進めば，カンボジアにとって深刻な問題となりかねない．
　また，トンレサップ湖は多種の淡水魚類と世界的希少種の水鳥の一大棲息地域となっており，世界から注目されている．1999年にはトンレサップ湖の氾濫原を含む湿地がラムサール登録湿地に指定されている．トンレサップ湖は乾期と雨期の水位差が8〜10mもあり（図2-6-4），この湖水位変化が湿地・沼沢の多様な生物相と共生し，豊かな生態環境を維持している．図2-6-3はトンレサップ湖の浸水域の変化を捉えた画像である．毎年雨期には湖周辺が広範囲に浸水し，豊かな湿地帯をつくっ

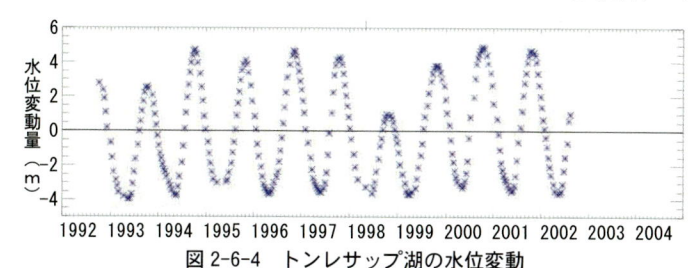

図 2-6-4　トンレサップ湖の水位変動
TOPEX/Poseidon 衛星による 10 年平均水位に対する相対水位変動．グラフはコンピュータにより補正した水位変動．
http://WWW.pecad.fas.usda.gov/cropexplorer/globalreservoir/gr_regional_chart.cfm?regionid
=seasia&region=Sreservoir_name=Boeng_Tonle (USDS/NASA)

ている．しかし，最近ではプノンペン市街やアンコール遺跡群を控えるシェムリアプ市，交通流通の中継地点コンポンチュナン市など湖周辺にある都市からの汚水排水，ゴミ投棄，肥料・残留農薬などの流入が増加しており，水質悪化や富栄養化による環境への影響が懸念されている．

　洪水を引き起こす要因の一つとして，森林伐採による影響があげられる．ラオスでは 1950 年に森林面積が 70％を占めていたものが，最近では 50％を切っている．伐採のおもな原因は，焼畑農業と人口増加とされている．また，カンボジアでも 1980 年代以降から急速に森林伐採が進み，1995 年には 40％に減少している．100 万 ha 以上の浸水林（洪水林）が広がるトンレサップ湖の周辺でも薪炭や建築用材のために伐採され，さらに開墾や開拓が進み，浸水林の減少が進んでいる．すでに氾濫原の 23％である 35 万 ha が耕作地に利用されている．森林の減少は，保水能力を低下させ，表土の侵食，土砂の流出をもたらすことになり，洪水を助長するだけでなく環境への影響も大きい．

　もう一つ注目を集めているものが，メコン川上流域でのダム建設である．メコン河委員会（MRC）は現時点で下流域への影響を考え，本流でのダム建設を凍結している．そのなかで中国では，メコン川本流での水力発電用のダム建設が進められている．このダムの建設では，これに伴う産業公害の増加，水量変化による河岸侵食，魚の回遊の阻害，地力を高めるシルトの移動阻止など，トンレサップ湖やメコンデルタなど下流地域の環境へ与える影響は大きいと指摘されている．

　1995 年にメコン協定に基づき持続的な流域の発展を目指して，ラオス，タイ，カンボジア，ベトナムの 4 カ国からなる新たな「メコン河委員会（MRC）」が組織された．メコン川下流域の共同管理に関して，新たに各国の意思を確認したといえる．しかし，上流域にあたる中国とミャンマーはこの委員会のメンバーに参加しておらず，オブザーバーの立場を変えていない．流域国の共通の概念や尺度の足並みが揃わない現在，河川流域の統合管理をむずかしくしている．さらに，治水インフラの整備を望む都市住民と，洪水との共存生活を営む農民や漁民との考えにもちがいがみられる．メコン川には各国内外の水利用管理や洪水対策など多くの課題が残されている．

〔参考文献〕
(1) 古松昭夫・小泉　肇（1996）:『メコン川流域の開発　国際協力のアリーナ』山海堂．
(2) 日本環境会議／『アジア環境白書』編集委員会編（2003）:『アジア環境白書 2003/04』東洋経済新報社．
(3) 笠井利之（2003）: カンボジア・トンレサップ湖地域の環境保全についての予備的考察．立命館国際地域研究，第 21 号．

7. 南極最大の棚氷流出す

「NASA の GRAVSAT（重力探査衛星）が 1995 年 10 月 15 日 6 時 40 分に南極のロス海域で海底噴火によりマグマが噴出を伝えてきた。災害度 10，海底噴火によりスペインの国土ほどある南極のロス棚氷が南極大陸から切り離され時速 13km で太平洋上を北上しはじめた。この巨大流氷を利用しソ連軍は太平洋諸国攻撃計画を秘かに進める。一方，数日のうちに流出した流氷が融けて世界の主要都市が水没する危機をまえに，南極会議議長ラトキン提督は解決策を迫られる……」。これは地球科学をテーマにした作家リチャード・モランの小説『COLD SEA RISING』，日本語版『南極大氷原北上す』大貫 昇訳：扶桑ミステリー社，1988 年 8 月 23 日刊）である。

小説のように海底噴火による棚氷（たなごおり）崩壊ではないが，地球温暖化により南極大陸の氷河が崩壊し流出が報じられたのは，1990 年ころからである。実際，この小説『南極大氷原北上す』の訳者の大貫 昇氏は，"あとがき" で翻訳書の初版本が出た 1 年 3 カ月後にロス棚氷が動き出したと，述べている。

棚氷とは，南極大陸の氷河あるいは氷床が海にせり出し浮いている部分で，厚さが 100 〜 300m あり，先端部では分離し卓上の氷山となる。この棚氷は南極の海岸線の約半分を覆っており，南極の面積の約 11％に当たる。とくにロス棚氷，ロンネ・フィルフィナー棚氷，アメリー棚氷，ラルセン棚氷などが面積も大きく有名である。こうした棚氷が近年，加速度的に崩壊・流出，大きな環境・社会問題となっている。

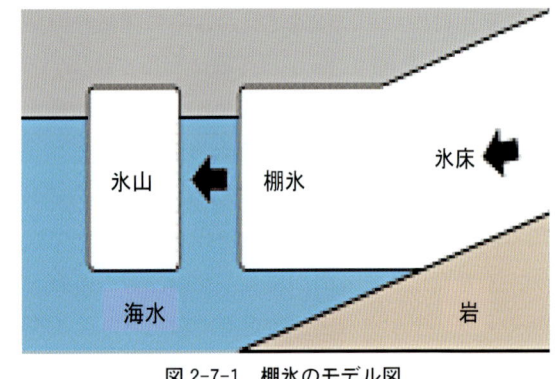

図 2-7-1 棚氷のモデル図

1995 年 1 月ラルセン A 棚氷（面積 4,200km^2，厚さ 300m）が約 1,300km^2 の氷が大崩壊を起こしたことはよく知られている。ロス棚氷とは場所が異なるが，奇しくも小説の時代設定と同じ 1995 年であった。その隣のラルセン B 棚氷に亀裂やクレバスの存在はすでに知られていた。そこで，環境保護団体グリーンピースは航空写真撮影ならびに観測船アークティック・サンライズ号（949 トン）を出し，南極半島周辺の調査を行った。図 2-7-2 は 1997 年に南極半島プレリリース第 2 弾[1] の Web に発表されたものである。

こうした棚氷の崩壊・流出による氷床の後退は温度に関係する。南極では 1945 年以来 50 年間で年間平均気温が 2.5℃上昇し，地球平均の 2 〜 3 倍の速さで温暖化が進行しているといわれている。図 2-7-4 は，南極半島の先端にあるウクライナのベルナツキー基地が 1940 年代から続けている気象観測結果から年平均気温をプロットしたものである。上昇幅は約 2.8℃と，先の 2.5℃より高くなり，「地球平均も 100 年で 0.74℃上昇なのではるかに急激だ」と朝日新聞[2] は報じている。

図 2-7-2　ラルセン B 棚氷の航空写真 [1]

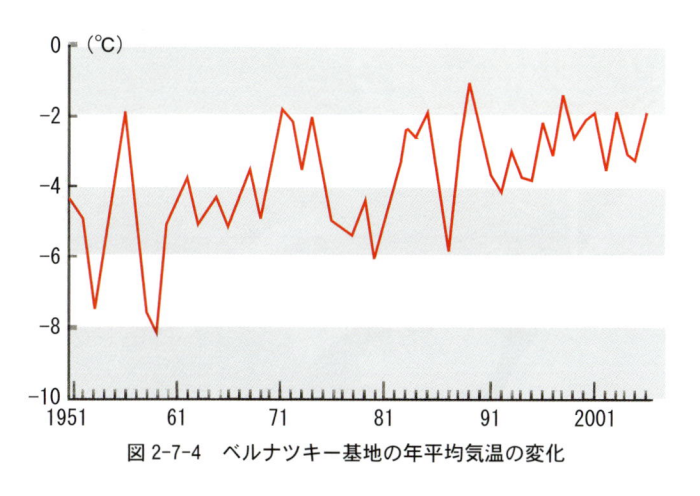

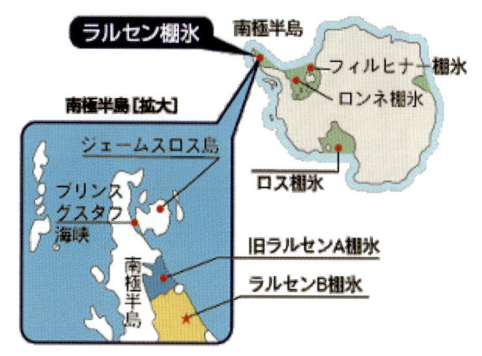

図 2-7-3　ラルセン B 棚氷の位置図 [1]

図 2-7-4　ベルナツキー基地の年平均気温の変化

南極半島を挟んでベルナツキー基地とは反対側に位置するラルセンB棚氷は，2002年に大崩壊を起こした。米国航空宇宙局（NASA）は，HPに人工衛星MODISが捉えた1月から3月までの衛星画像を公開している。図2-7-5は2002年3月5日のMODISの画像 [3] である。

NASAのこの画像の説明によると半島の東側の大きな氷塊は大陸から切り離され，半島の付け根では無数のアイスバーグがウェデル海に漂い，プルームを形成している。2002年の1月から約1カ月で3,250km^{2}を失ったそうだ。また過去5年間では約5,700km^{2}が消失し，現在は元のサイズの40％で安定していると説明していた。

こうした棚氷の流出は，ロス棚氷やラルセン棚氷に止まらず，各棚氷で起こっていて最近（2008年7月）ではウィルキンス棚氷も話題になっている。こうした現象は，気温の上昇のみならず海水温の上昇も関係しているようだ。東海大学の2004年度の卒業論文「南極海における上層海洋構造の年々変化」[7]（番　亜希子）によると，南緯54°～55°，水深0～90mでは，1990年から2002年までの13年間で水温は2.58℃上昇し，塩分は0.38psu減少した。これはドレーク海峡両端の海面気圧差（DPOI）の関係から，当該海域上の偏西風の強化によって表層水が北方に運ばれ，それを補うかたちで中層にある暖水温が鉛直混合した結果だと推察している。ウィルキンス棚氷の氷解の原因として，イギリスの南極調査所のデヴィッド・ヴォーガン教授は，塩分躍層の下の暖かい水が棚氷の底面に達し，急速に氷を溶かしている可能性を指摘していたことと一致する。また，棚氷は氷床や氷河の瓶をふさぐコ

100　第Ⅱ部　宇宙から見る地球の姿

図 2-7-5　MODIS が捉えたラルセン B 棚氷の崩壊 [3]（2002.3.5, ESA）

ルク栓のような働きをしていると，EG&G テクニカル・サービシズ社の氷河学者ロバート・トーマス博士やコロラド大学のテッド・スキャンボス博士は仮説を立てていた。実際，ラルセン B 棚氷の崩壊により，付近の氷河が以前の動きに比べ最大 8 倍の速さで流れはじめた。スキャンボス博士はこれでこの仮説が裏づけられた，と話している。

　先に引用した NASA は，2008 年 1 月 23 日に南極の氷河流失が加速されたことにより，過去 10 年間で氷消失量が 75% 増加していると発表した。また，NASA とカルフォルニア大学の科学者たちは，過去 15 年間の ERS-1, Radarsat, ALOS などの衛星データを解析した結果，1996 年に 0.3mm であった海面上昇が 2006 年には 0.5mm となり，失われた氷塊は 1996 年には年間 1,120 億トン（±910 億トン）

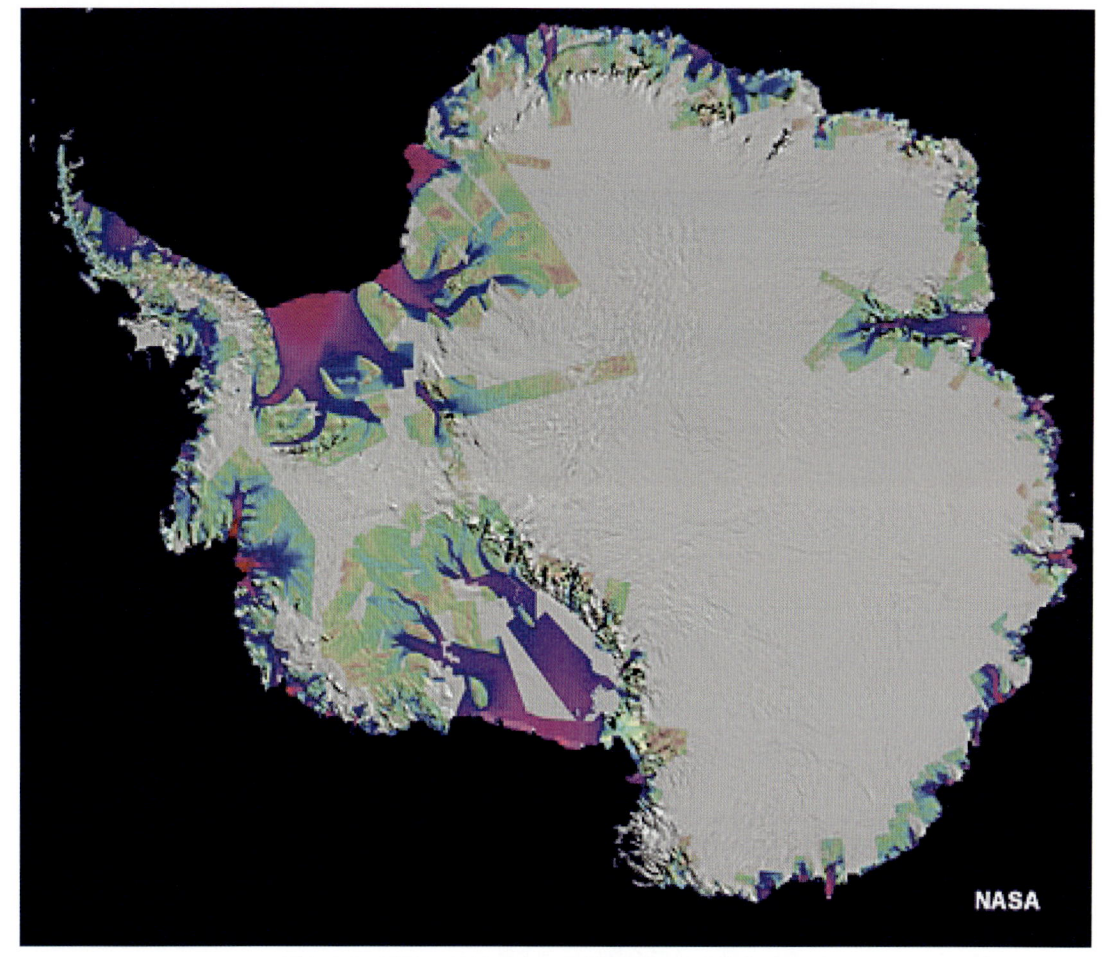

図 2-7-6　1996 〜 2006 年までの南極大陸での氷消失 (NASA)

だったものが，2006 年には年間 1,960 億トン（±920 億トン）に達したと報じていた。図 2-7-6 は同じく NASA が発表した MODIS のモザイク画像[8]である。紫または赤色の地域は氷消失が早い地域，緑は遅い地域を表している。この画像は JAXA のホームページ[9]でも見ることができる。

　棚氷の消失がなぜ問題視されるのか？　一つは海面上昇である。ある試算によるとロス棚氷が完全に溶けた場合，海面が約 5m 上昇するといわれている。実際，これまでの予測では 2100 年までに 25 〜 90cm 上昇するとされていた。先のロバート・トーマス博士はこれを上方修正すべきだと主張している。仮に 1m 海面上昇すると，ツバル，モルディブ，フィージー，マーシャル諸島の国々は水没してしまうし，オランダやヴェネツィア，東京の 0m 地帯なども大きな影響を受ける。

　もう一つの影響は，生態系への影響だ。南極半島の夏は，氷が消え「スノー・アルジェ」と呼ばれる雪氷藻類が繁茂し，コケが緑やピンクに映える。この雪氷藻類は，赤潮になぞらえて「赤雪」と呼ばれる。2008 年 3 月上旬の夏の終わりに南極半島で降っていたのは，雪ではなく雨だったそうで，一面濃いピンクや緑の「赤雪」に覆われていたと，asahi.com は報じていた。雪や氷に覆われる期間が短いほど植物は増える。南極の観測基地周辺ではこの 30 年間で，最大 25 倍にも増えたともいわれ

図 2-7-7 雪氷藻類が繁茂する南極ピーターマン島（asahi.com）[2]   図 2-7-8 アデリーペンギン [2]

ている。
　一方，雪氷が消えぬかるみや水溜りが増えると，ペンギンの営巣にも影響する。実際，冬に氷が必要なアデリーペンギンは65％減ったが，氷がなくても平気なジェンツーペンギンは増えているそうだ。こうした生態系への影響もはかりしれない。

（参考文献）
(1) http://www.greenpeace.or.jp/library/97gw/4minami/mina3.html
　　（南極半島プレリリース第1弾（1997 Feb.4），第2弾（1997 Feb.5）
(2) http://www.asahi.com/special/070110/TKY200804050217.html
　　（asahi.com 2008 Apr.6 3:00，南極異変，色づく夏，気温上昇）
(3) http://earthobservatory.nasa.gov/IOTD/view.php?id=2288
　　（NASA；Earth Observatory, Breakup of the Larsen Ice Shelf, Antarctica）
(4) http://wiredvision.jp/news/200803/2008032723.html
　　（ウィルキン棚氷の画像）
(5) http://www.esa.int/esaCP/SEM2U5THKHF_index_0.html
　　（欧州宇宙機関が衛星画像公開）
(6) http://www.eurekalert.org/multimedia/pub/7452.php?from=111448
(7) http://kutty.og.u-tokai.ac.jp/history/hist/2004/ban/ban.pdf
　　（南極海における上層海洋構造の年々変化．番　亜希子，2004，東海大学海洋学部卒業論文）
(8) http://www.nasa.gov/topics/earth/features/antarctica-20080123.html
(9) http://www.eorc.jaxa.jp/imgdata/topics/2008/tp080206.html

8. インド洋沿岸を襲った海嘯

「……海面が断崖絶壁と同じ高さになっている。次の瞬間，海面は島より高くなっていた。津波は西から襲ってきたのだが，南のほうも海面は盛り上がっていた。（中略）轟音が，島全体を揺るがせた。波の音というより，島を破壊する音であった。入江も岬も密林も，海の中に沈んだ。……」

　これは笹沢左保の小説『漂流島』（集英社文庫）の最終章の一部である。小説は若者5人が小さなヨット"カメノコ号"で八丈島に向けクルージングするが，暴風雨にあい南海の孤島に漂着する。そこには旧日本軍が隠したと思われる金の延べ棒や宝石類が隠されていた。その財宝をめぐってアクションシーンが展開される。アドベンチャー・ロマン小説だ。この引用した最終章の描写と同じようなことが起こった。

　2004年12月26日0時58分53秒（UTC）インドネシア北スマトラ島の西海岸沖を震源とするマ

図2-8-1　インドネシア・アシェの衛星画像 [1]（NASA）

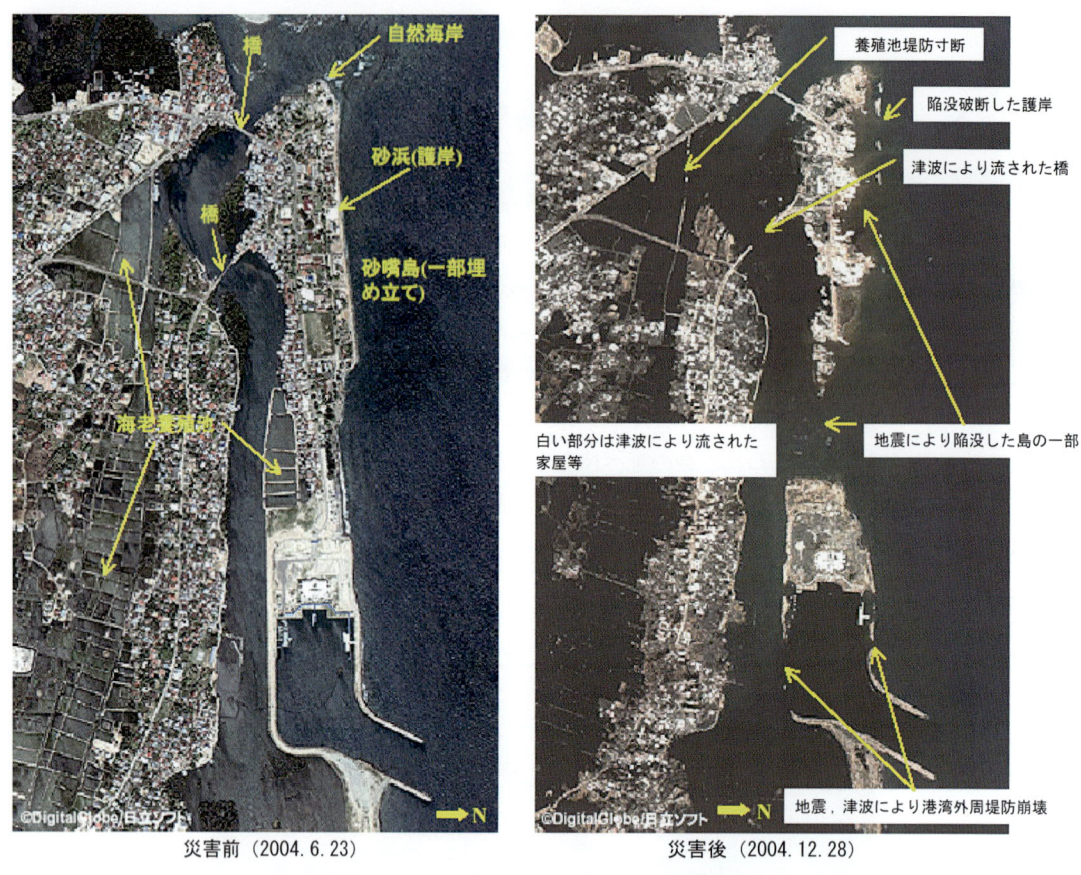

災害前（2004.6.23）　　　　　　　　　　　　　　　災害後（2004.12.28）

図 2-8-2　バンダアチェ北部海岸地区の被害状況

グニチュード9の地震が発生した。この地震による津波により，インド洋に面する国や島嶼が壊滅的な被害を受けた。

　図 2-8-1 は NASA が発表したインドネシアのアシェの衛星画像で，（上）は Landsat7 が 2004 年 12 月 29 日に撮影したもの。（下）は同地域の 2003 年 1 月 10 日に撮影された衛星画像[1]である。この町はバンダアチェのロコンガ（Lhoknga）で，津波により白い円形のモスクを除き完全に破壊されている。

　この地震による津波の被害は，インドネシア，スリランカ，インド，タイ，ソマリア，モルディブ，マレーシア，ミャンマー，タンザニア，セイシェル，バングラデシュ，ケニアに及んでいる。とくにインド洋を挟んで対岸のスリランカやアフリカのタンザニア，ケニアにも被害が及んだのは，津波の恐ろしいところである。

　この津波による死者は，International Charter の 12 月 27 日発表の URL によると，インドネシアで 10 万 4000 人以上，タイで 5,000 人以上と発表していた。その後の調査でも各機関でちがいがあるが，死者・行方不明者を合わせ 25 万人以上，国連による緊急支援を必要とする被害総額は 9 億 7700 万ドルとしていた。

　最も大きな被害を受けたのは，震源に近いインドネシアのバンダアチェである。図 2-8-2 は IKONOS が捉えたバンダアチェの被害状況である。左側は地震前の 2004 年 6 月 23 日撮影，右側は地震発生から 2 日後の 12 月 28 日撮影のものである。島に通ずる二つの橋は破壊され，島のインド洋に

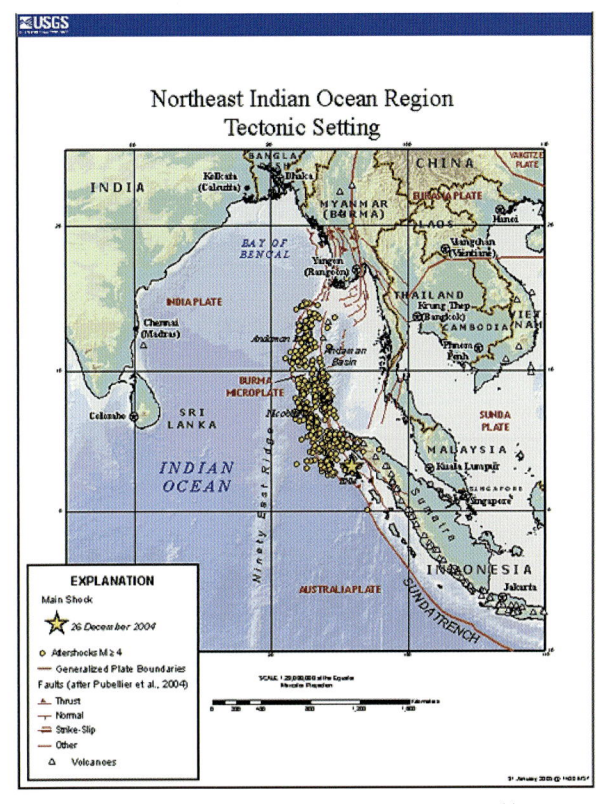

図 2-8-3　スマトラ－アンダマン地震の位置[3] 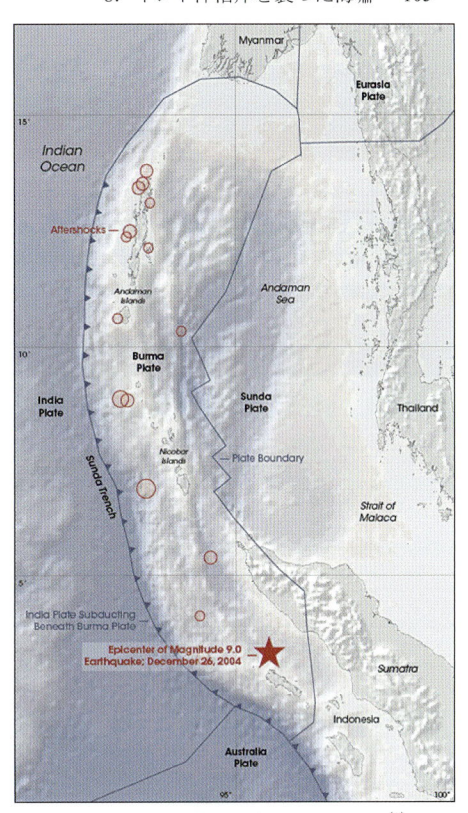　　　　図 2-8-4　震源地とプレートの関係[3]

面する海岸は陥没ならびに洗掘により寸断されてしまった。また漁港は護岸が破壊され，エビの養殖池は冠水してしまっている。

　米国の地質学会（The Geological Society of America）ではこの地震に関するさまざまな解析を試み，Web 上に公開している。

　図 2-8-3 はスマトラ－アンダマン地震の震央をプロット[3]したものである。☆印が 2004 年 12 月 26 日に起きた地震の震央で，○は M2.4 以上の余震の起きた位置を示している。この地震は，インドプレートがユーラシアプレート（ミャンマーサブプレート）の下にもぐりこむ。その時サブプレートの抵抗によりひずみが圧縮されていき，それが限界に達すると突然破裂し海底が陥没する。今回の地震では，垂直変位が約 15m，長さ約 1,200km にわたって起こった。

　図 2-8-4 は震源地とプレートの平面位置関係[3]を示している。三角のついた鎖線が断層位置で，インドプレートがミャンマーサブプレートにもぐりこんでいるところである。アンダマン海に引かれた鋸状の線がプレートの境界である。

　津波（つなみ）は，日本語が語源となり国際的にも"TSUNAMI"と表記される。津波とは，地震により海底が陥没，あるいは海岸地すべり，海底火山噴火などに起因して起こる波で，とくに海岸に達すると高波になり被害を及ぼす波の総称である。図 2-8-5 は USGS[2] が津波発生のメカニズムを模式的に示したもので，地震発生の直後に断層によって海底が陥没し，それにより海面が下がる一方，沖合側は海底がせり上がり同時に海面も持ち上げられる。図 2-8-6 はプレート断面において断層

図 2-8-5a　地震による津波発生の模式図（USGS）[2]

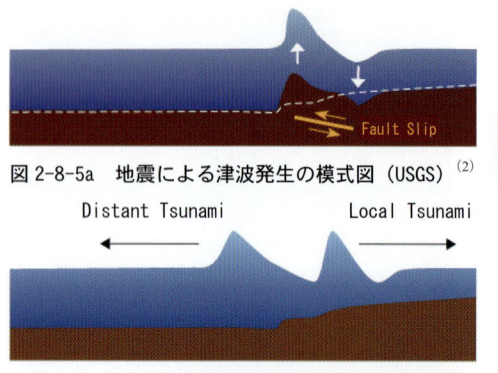

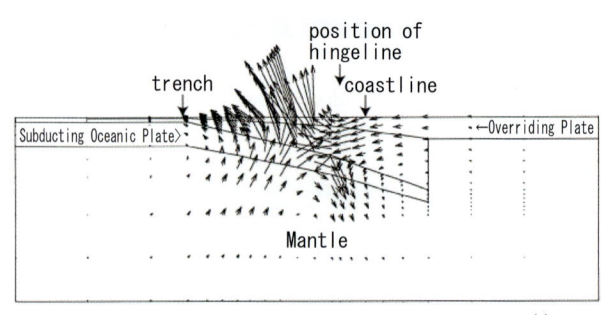

図 2-8-5b　津波発生後に 2 方向に分かれて進む [2]

図 2-8-6　プレート断面図，矢印は動きのベクトル [2]

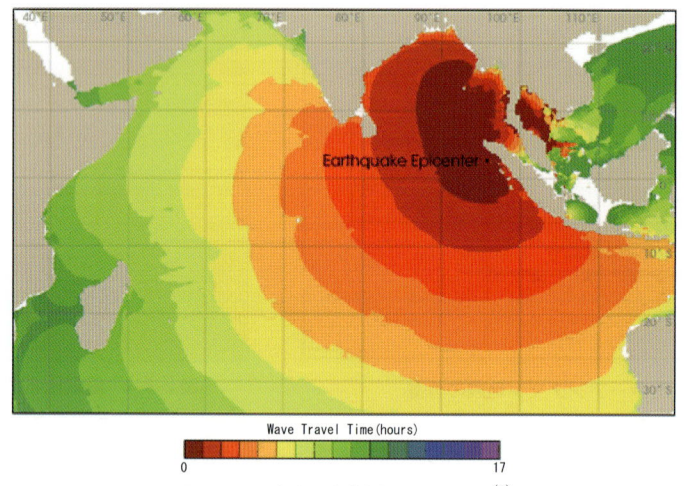

図 2-8-7　津波の伝播時間（NOAA）[3]

により各点の動きをシミュレーションしてベクトル[2]で示したものである。こうして発生した津波は，発生直後すぐに図 2-8-5b のように一つはスマトラ島のあるアンダマン海へ，もう一つはインド洋へと 2 方向に分かれて伝播した。

　図 2-8-7 は NOAA が発表した津波の伝播時間[3]を示している。この図からインド東海岸には約 2 時間で到達，タイ，ミャンマー，マレーシアなどには約 2 時間 30 分，アフリカやスリランカには発生から 6〜7 時間後に到達している。タイやミャンマーなどへの到達が比較的遅いのは，アンダマン海が比較的浅い大陸棚が広がっているため，津波の進むスピードが遅かったものと考えられている。この津波は，半日後には南極の昭和基地にも達し，73cm の津波を観測している。また，太平洋に抜けた津波はアメリカ西海岸にも到達し，数十 cm を記録したという。

　図 2-8-8 は津波の海岸に到達した時の最大波高を模式的に示した図[3]である。震源に近いスマトラの海岸線では，到達波は 10m 以上の高さになる。スリランカやタイでは 4m を超え，さらにインド洋を挟んで遠く離れたソマリアやセイシェル諸島では，ほぼ 4m の高さであった。

　津波はタイの海岸にも押し寄せた。数 m もある椰子の木をなぎ倒し，人工物や耕作地を洗掘してしまった。タイのプーケットは有名な観光地で，海外からの観光客も多く被害にあった。その凄惨な

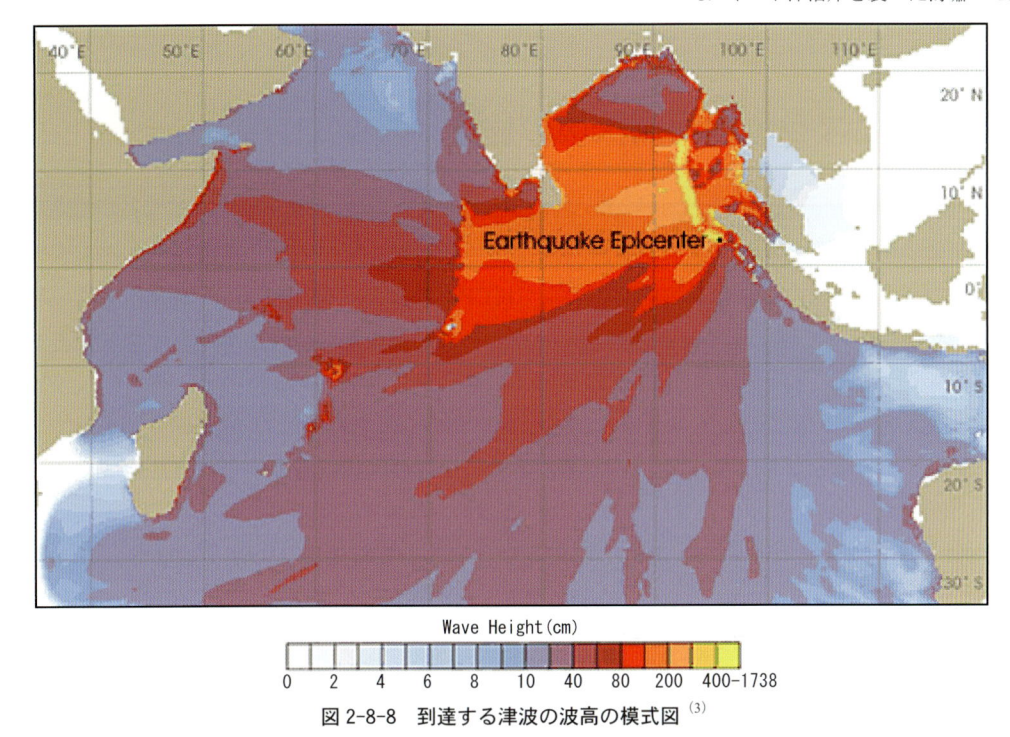

図 2-8-8　到達する津波の波高の模式図[3]

　状況は冒頭に引用した小説以上のものである。
　被害を大きくした一因に，太平洋沿岸諸国では整備されている津波早期警報システム（津波警報国際ネットワーク）がインド洋沿岸では整備されていないため，警報発信が遅れたことがあげられる。もう一つはマングローブ林の伐採である。タイではマングローブ林の残っていた背後地で，マングローブ林が津波の衝撃を和らげる緩衝機能を発揮し，被害が軽減したと報告されている。タイ政府はこの教訓を生かし，マングローブ林の保護と植樹を推進する方針を打ち出した。
　津波のような自然災害では，「津波早期警報システム」の整備と運用によりいち早く避難勧告が出せる準備をすることと，環境を調節し多くの生き物の棲家となるマングローブを含む熱帯雨林の保護と植樹が重要だということが，あらためて知らされた。

(参考文献)
(1) http://www.nasa.gov/vision/earth/lookingatearth/indonesia_quake.html（NASA）
(2) http://earthquake.usgs.gov/eqcenter/eqinthenews/2004/usslav/#summary（USGS）
(3) http://geology.com/articles/tsunami-map.shtml（インドネシア津波 Map）
(4) http://www.news.janjan.jp/link/0412/0412272046/1.php（スマトラ沖地震・津波災害リンク集）
(5) http://www.disasterscharter.org/disasters/CALLID_079_j.html
　　（スマトラ被災後の画像，損害評価マップ：国際チャーター）
(6) http://ja.wikipedia.org/wiki/（ウィキペディア）
(7) http://www.pari.go.jp/information/news/h18d/3/tunami_cyukannhokoku.pdf
　　（2006年ジャワ津波災害に関するインドネシア・日本合同調査）

9. ヒマラヤ氷河湖決壊の危機

　20世紀後半から顕在化しはじめたグローバルな気候変化は，高山地域の環境にも大きな影響を与えはじめている。国連の気候変動政府間パネル（ICCP）の報告（2001）では，世界の平均気温が今後100年間で1.4〜5.8度上昇すると予測している。世界の屋根と呼ばれるヒマラヤ地域でも長期的な気象観測が行われ，ネパールにある49の気象モニタリングステーションのデータから，1970年代後半になり標高の高い観測点でも明らかな気温上昇が認められた。最近の20年間では平地で年平均0.06度，ヒマラヤ地域で0.12度上昇していることがわかった。気温上昇により山岳地域にある氷河が急速に融けはじめ，これによって引き起こされる洪水の危険度が増している。

　図2-9-1はネパール，ブータン北部にそびえるヒマラヤ山脈を撮影した衛星画像である。8,000m級の山々が連なるヒマラヤ山脈では，その南北でまったく異なる気候環境が形成され，万年雪となった高山には多くの氷河が見られる。

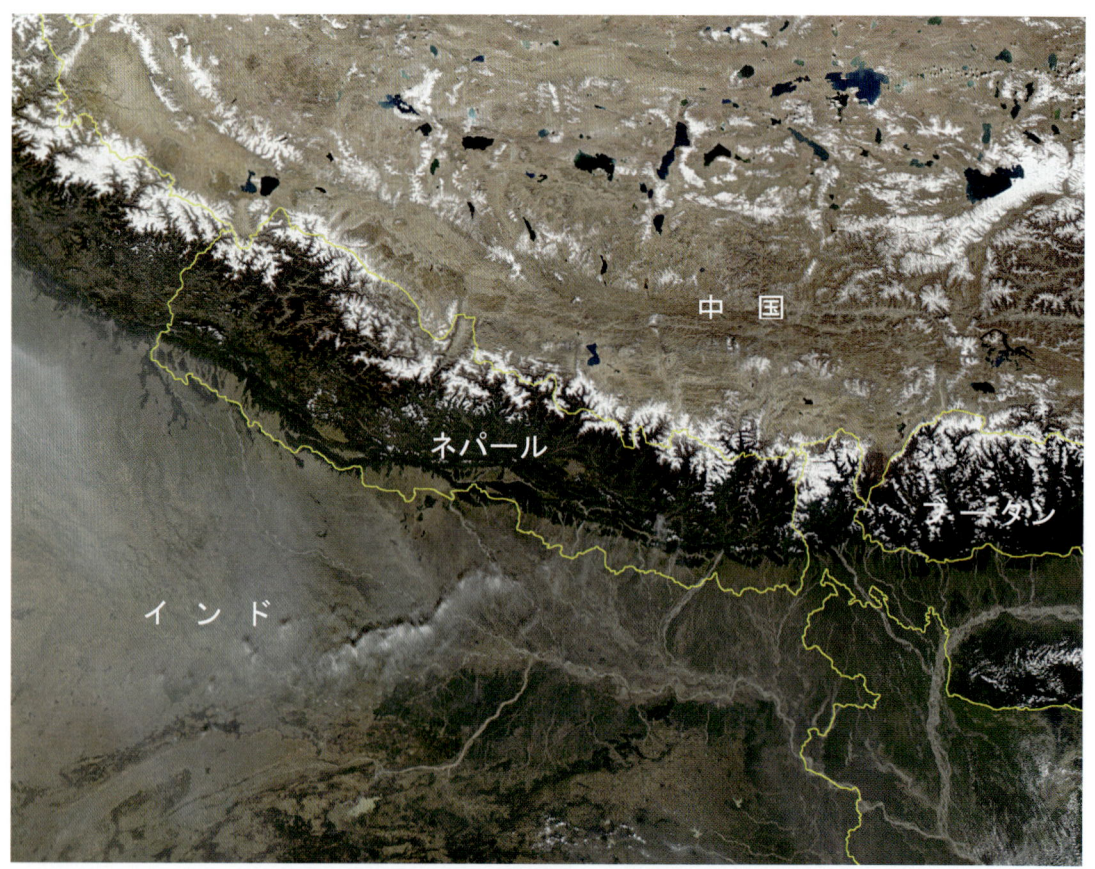

図2-9-1　ヒマラヤの衛星画像（MODIS；2002.10.27）
http://rapidfire.sci.gsfc.nasa.gov/gallery/?2002300-1027/Nepal.A2002300.0505.1km.jpg（NASA）

(a) ネパール中部・中国国境のクンブ地域（Landsat ETM+ ; 2002.1.5）
http://earthobservatory.nasa.gov/Newsroom/NewImages/Images/landsat_everest_05jan2002_lrg.jpg

(b) ブータン北部・中国国境ルナナ地域（Terra/ASTER ; 2000.9.28）
http://earthobservatory.nasa.gov/Newsroom/NewImages/Images/aster_bhutan_glaciers_lrg.jpg（NASA）
図2-9-2　ヒマラヤの山岳地域にみられる氷河および氷河湖

　最近になりヒマラヤでは氷河の縮小傾向が加速しつつあるともいわれ，ブータンでは氷河末端が年間30〜40mの割合で後退し，ネパールのトラカルディン氷河では年間20m以上（最大100m）の割合で後退している。氷河が融けて後退した跡には湖が形成され，急速に拡大することがある。図2-9-2はネパールとブータンの氷河および氷河湖を衛星から観測した画像である。この湖は氷河末端にできたモレーン（堆石丘）で堰止められている。ところが，これが突然決壊し下流に住む人々や施設に大きな被害をもたらす深刻な事態が発生している。氷河湖決壊洪水（GLOF）と呼ばれ，ネパール，

パキスタン，インド，ブータン，チベットなど多くの氷河湖を抱える国では過去30年で急増，深刻な社会問題になっている。

ネパールのヒマラヤヒンズークシ流域では，1960年代以後少なくとも13回のGLOFが記録されている。1985年8月4日にはネパールのディグ・ツォー（Dig Tsho）氷河湖が決壊し，ナムチェ水力発電所，家屋30戸，14カ所の橋を破壊し，およそ150万ドルにのぼる被害を出した。湖に落下した氷河の衝撃が原因と考えられ，この時600万〜1,000万m^{3}の水が湖から流れ出したと推定されている。1998年9月3日にはサバイ・ツォー（Sabai Tsho）氷河湖でGLOFが発生し死者2人を出している。2003年8月にはアンナプルナII山麓のカワリ・ツォー（Kawari Tsho）氷河湖が決壊，5人が亡くなり建物など10万ドルの被害を出した。図2-9-4はディグ・ツォー氷河湖とサバイ・ツォー氷河湖の決壊後に観測された衛星画像である。湖から谷に沿って下流へ白く土砂の堆積した跡が見られる。

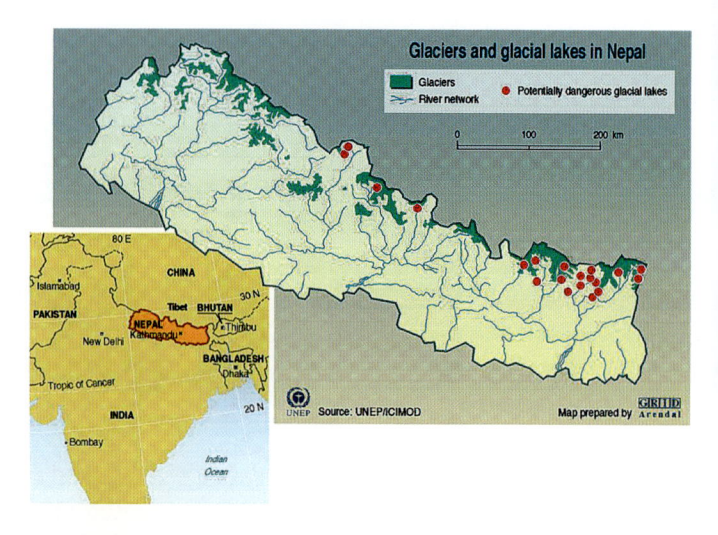

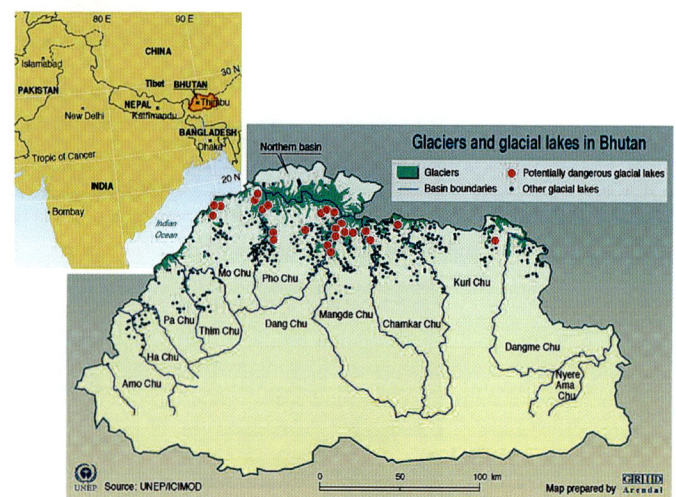

図2-9-3　ネパールおよびブータンにおける氷河と潜在的危険氷河湖の分布図（UNEP/ICMOD）
http://www.grida.no/inf/news/news02/news30.htm

ブータンでは1994年10月に北部のルナナ（Lunana）地方にあるルゲ・ツォー（Lugge Tsho）氷河湖が決壊した。氷河湖末端のモレーンの崩壊により1,800万m^{3}の氷が流れ出し，21人の死者とインフラ施設に被害を与えた。氷を含むモレーンの弱体化と上昇する湖の水位による水圧が加わり一気に崩壊したと考えられ，その引き金となったのは上流の小さな湖の決壊が原因と推定されている。決壊後も膨大な水を貯留し，今なお拡大を続け再度GLOFの危険があると指摘されている。

2002年に国連環境計画（UNEP）と国際総合山岳開発センター（ICIMOD）は，衛星画像や空中写真，地形図に基づく調査から，ネパールに3,252の氷河と2,323の氷河湖，ブータンに677の氷河と2,674の氷河湖があることを公表した（図2-9-3）。そのなかでネパールに20，ブータンに24の潜在的に危険な氷河湖があり，5年から10年の間に下流に大きな被害をもたらす可能性があると警告している。現在ネパールとブータン政府は，潜在的に危険な氷河湖に対し警告を発する早期警戒システムの設置を推し進めている。

9. ヒマラヤ氷河湖決壊の危機　111

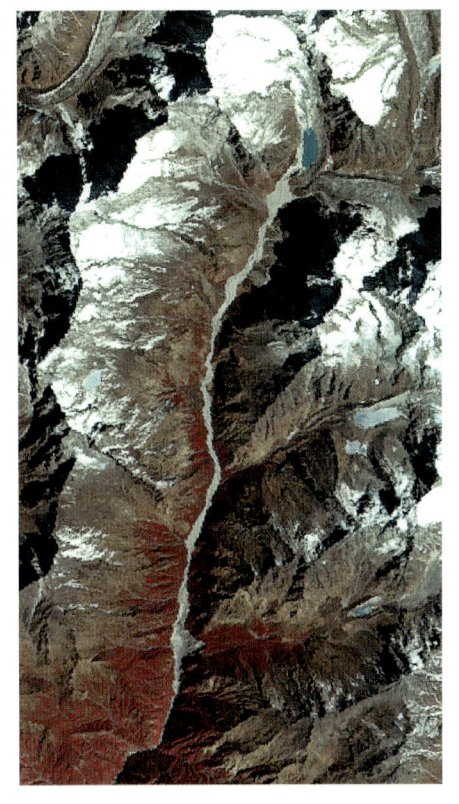

図 2-9-4　ネパールで発生した氷河湖決壊洪水（GOLF）の爪痕
（上）ディグ・ツォー（Dig Tsho）氷河湖（JERS-1；1996.12.3）
（左）サバイ・ツォー（Sabai Tsho）氷河湖（Landsat；1999.3.10）

　ネパールにはヒマラヤで最も大きい氷河湖となったツォー・ロルパ（Tsho Rolpa）氷河湖がある。この湖は，カトマンドゥの北東 110km のロールワリン・ヒマールの山岳地帯にあり，高さ 150m にも達するモレーンで堰き止められている。湖の大きさは 1950 年代後半には 0.23km² ほどであったが，2002 年には 1.53km² に拡大している（図 2-9-5）。この湖が決壊した場合，洪水は 108km 下流のトリベニ（Tribeni）村まで到達し，1 万人以上の人命をはじめ家畜や農地，橋，道路などに膨大な被害を与えると予想されている。このため洪水からの危機を低減させるための取り組みが行われてきた。ネ

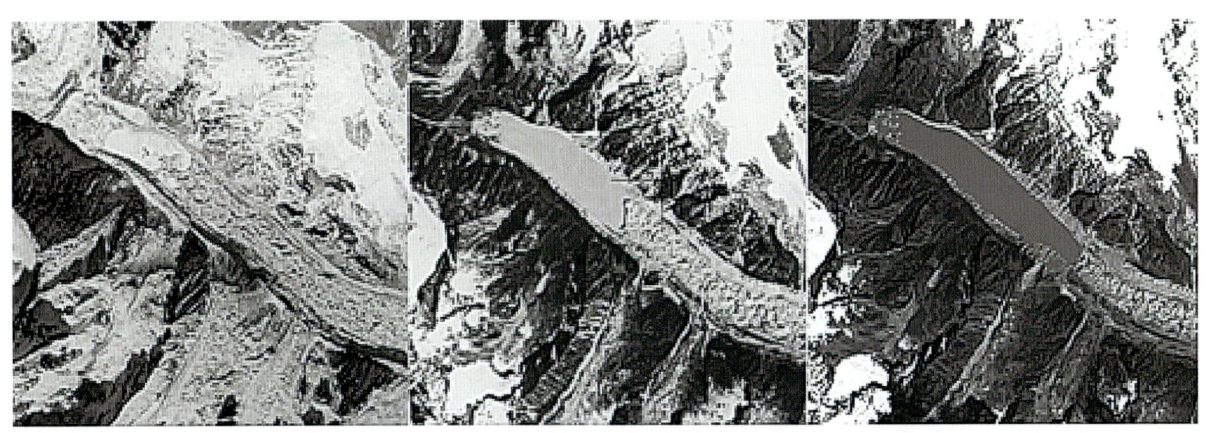

1962 年 12 月 15 日（KH-4）　　　1980 年 10 月 1 日（KH-9）　　　2000 年 9 月 28 日（Terra/ASTER）
図 2-9-5　拡大するツォー・ロルパ氷河湖（NASA）

図 2-9-6　ツォー・ロルパ氷河湖末端に完成した水門

パール水文気象局（DoHM）は，湖と下流河川沿いの17村19カ所にセンサーやサイレンを取り付けることで早期警戒システムを構築した。一方，湖水位を下げる対策工事がオランダ政府（NEDA）の約300万ドルの援助で進められてきた。これによって水門のある排水路が建設され，2000年末までに水位を3m低下させ，当面の危機を回避させた。しかし安全な水位にするには，さらに20m低下させる必要があるという。

また，2003年11月にオランダの民間会社との資金協力で，この湖水を利用したマイクロ水力発電所を湖畔に建設し15kWの発電を開始している。これは標高4,580mの世界で最も高所に位置する水力発電所である。発電された電力は，湖水位の観測を維持するためのモニタリング施設に利用されている（図2-9-6）。

現在，衛星データを使用し世界の氷河をモニターする国際プロジェクトGLIMS（Global Land Ice Monitoring Space）が進められている。航空宇宙局（NASA），合衆国地質調査所（USGS），その他公的機関をはじめ世界各国の60以上の団体がかかわっている。GLIMSと呼ばれるこのプロジェクトは，南極大陸とグリーンランドの内陸部を除くおよそ16万カ所の氷河について調査し，陸水のグローバルな目録づくりを目指したものである。同時に氷河の変化を測定することができる地理情報システム（GIS）によるデータベースの作成も行われている。おもにTerra/ASTER衛星とLandsat ETM＋によって集められたデータが使用され，NASAとUSGSが衛星データを提供・管理する。これらの画像により氷河で覆われた山岳地域のほとんどがカバーされる見込みで，画像は2003年前半に約5,000シーンがすでに取得されている。GISはNASAの資金で設立した国際雪氷センター（NSIDC）がGLIMS氷河データベースの開発を担当している。データベースには中央アジアの過去の氷河データも追加される予定である。このプロジェクトによって，グローバルな気候／環境の変化に関する貴重な情報が提供できるのではないかと期待されている。

世界の陸地にある淡水の約80％は雪氷の状態で存在しており，科学的にも経済的にも重要な水資源である。ヒマラヤの8,000m級の山が連なる高山地帯も，低地や海洋と同じくらい影響を受けやすい。このまま氷河が後退し続けるとさらなる気候にも影響を与え，人や動物への飲料水の供給も脅かされることになる。GLOFの洪水対策を行う一方で，それ以上に地球温暖化ガスを減少させるなど，気温上昇を抑えることが重要であるといえる。

（参考文献）
(1) 酒井治孝編（1997）：『ヒマラヤの自然誌　ヒマラヤから日本列島を遠望する』東海大学出版会.
(2) Tomomi Yamada（1997）: *Glacier Lake and its Outburst Flood in the Nepal Himalaya*, Data Center for Glacier Research, Japanese Society of Snow and Ice, p.96.
(3) Pradeep K.Mool, Samjwal R. Bairacharya and Sharad P. Joshi（2001）: *Inventory of Glaciers, Glacial Lakes and Glacial Lake Outburst Floods NEPAL*, ICIMOD.

10. 地上に描かれた巨大絵と空中都市

　南米アンデス地方には，古代からの謎に満ちた遺跡が数多くあることが知られている。この地方に古代文明が栄えたのは紀元前2000年から16世紀までの間で，おもな文明には紀元前1000年〜紀元前200年のチャビン，モチェ・ナスカ・ティアワナク（1〜6世紀），ワリ（7〜10世紀），シカン・チムー（11〜14世紀），インカ（15〜16世紀）などがある。このなかからペルーに残されたナスカとインカ，二つの古代文明の遺跡について最近危惧されている話題を取り上げた。ナスカ文明は紀元前100年〜800年ころにペルー南海岸で最も栄えた文明の一つである。地上に残された巨大絵は，今なお眼にすることができる貴重なものである。一方，インカ文明は高度な技術をもち，南北4,000kmにわたるアンデス最大の帝国を築き上げた文明である。しかし，スペイン軍による黄金の略奪と征服により，わずか100年足らずで滅亡してしまう。そのなかで略奪を逃れ，空中都市として知られるマチュピチュ遺跡をみることにする。

［ナスカ平原の地上絵］
　ナスカ文明を最も有名にさせたのが，ペルーの南部海岸に広がるナスカ平原に描かれた地上絵である。遺跡というよりは文明を思わせる痕跡といった方がよいかもしれない。図2-10-1に衛星から見たナスカ平原の画像を示す。地上には多くの幾何学的な線がひかれているのがわかる。ナスカは「辛く厳しい」を意味しており，ここは2年に一度しか雨が降らない年間降水量20mmの乾燥地帯である。

図2-10-1　ナスカ平原の地上絵（ASTER；2000.12.22）
http://asterweb.jpl.nasa.gov/gallery/gallery.htm?name=Nasca（NASA）

図2-10-2 消失が危惧されるナスカ平原の地上絵
(左) ナスカの地上絵を横切って走るパンアメリカンハイウェー，(右) 直線的な幾何学模様も洪水により侵食されている．
http://www.esa.int/export/esaSA/SEMO0R1PGQD_earth_1.html#subhead3　　Credits:AP Photo/John Moore,Iain Woodhouse

　地上絵の発見は，1930年代に上空を通過した航空機により偶然見つかったものである．1994年にはユネスコ世界自然遺産にも登録されている．何のために描かれたのかはさまざまな議論がわき上がっているが，明確な結論には至っていない．
　平原にある地上絵は，太陽で焼け黒くなった酸化鉄を含む小石を取り除き，その下にある地表の白い部分を浮き彫りにさせることによって描かれている．地上からはその大きさのため何の絵かは確認できない．この地上絵はインヘニオ川とナスカ川に挟まれた450km^{2}のナスカ平原に700以上描かれており，おもに北部で鳥や動物，南部で幾何学模様の線が多くみられ，中央にある山の斜面には人をかたどった地上絵が描かれている．描かれた絵は，幾何学模様やコンドル，猿，ハチドリなどすべてが100mを超える巨大なものばかりである（図2-10-3）．これら地上絵は付近から楽器が出土していることや一筆描きで表現されていることから，何らかの儀式のために絵が描かれたのではないかという考えが主流になりつつある．
　地上絵に描かれた絵は，水や雨に関係する動物が多いのが特徴である．ハチドリ，ペリカン，コンドルは雨をもたらす神＝収穫を意味しており，干ばつが起こるたびに雨乞いの儀式が行われ，絵が描かれたと考えられている．また，天の川と地上の水が循環していると信じられ，天の川のなかに見られるリャマなどの動物に似た星のない部分を地上になぞらえて描いたものという研究もある．しかし，本来の目的は神秘のままである．ナスカ文明後期にはカワチ神殿の崩壊とともに地上絵は描かれなくなり，灌漑が行われるようになると地上絵は忘れさられていったとみられる．
　欧州宇宙機関（ESA）はユネスコと共同で世界遺産の宇宙からの広範囲にわたる長期的モニタリングを行うことに合意した．その最初の取り組みとして，ペルーのナスカの地上絵が指定されている．今までに保護されていなかった地上絵は，その5分の1が破壊され，ここ10年はとくに劣化が加速しているという．研究では過去1,000年間より最近の30年間のほうが侵食や劣化が進んでいると見積もられている．
　地上絵の劣化には人的なものと自然による影響があげられる（図2-10-2）．1940年代前半にはパンアメリカンハイウェーの建設によって不必要に注目され，多くの自動車が地上絵の上を行き来し，地

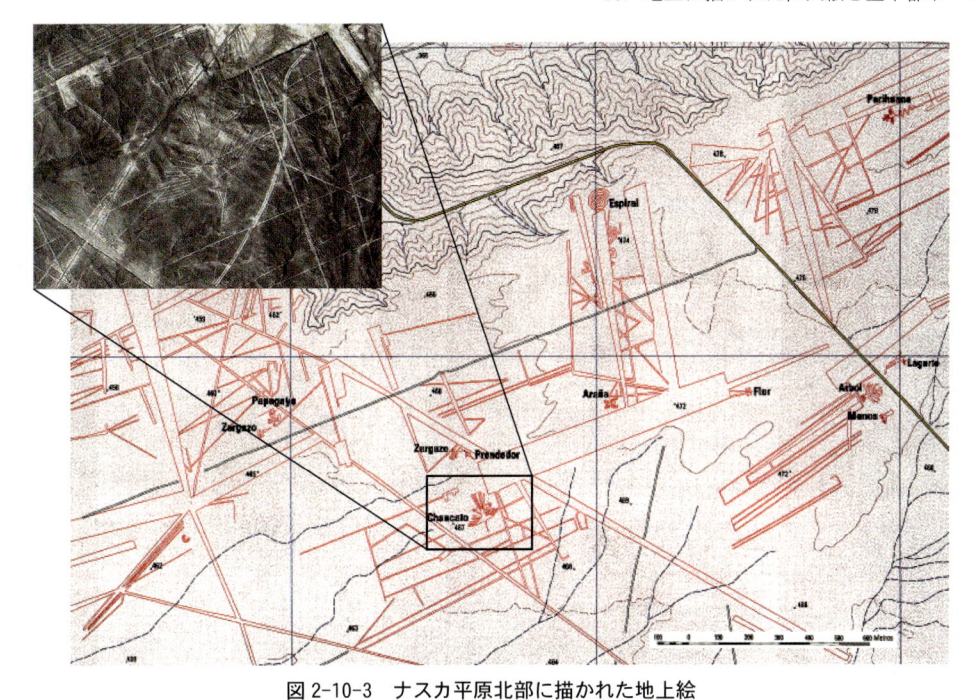

10. 地上に描かれた巨大絵と空中都市　115

図 2-10-3　ナスカ平原北部に描かれた地上絵
北部では幾何学的な模様以外に動物などを描いたものが多い（赤線）．黄色い線は 1937 年に建設された
パンアメリカンハイウェー道路である．衛星画像（GeoEye）は地表に描かれたコンドル．

表にはそのタイヤ跡が多く残された．また，金鉱やインカの墓荒らし目的で踏み込む人々も多かった．ときおり旅行者が地上絵の上でキャンプをし，その足跡で地上絵がかき消される事態も生じた．さらに，ここ数年間はゴミ捨て場になっていたともいわれており，地上絵をとりまく環境はよい状況にあったとはいい難かった．最近になり立ち入りの制限がようやくなされるようになった．一方，地上絵が消えつつあるという報告は，最近の SAR インフェロメトリ解析を用いた研究からも指摘されている．2000 年にはエルニーニョ現象と関係した異常な大雨となり，土砂崩れや小さな崩壊が発生した．その時 ERS-2 の SAR 開口合成レーダ画像による解析が行われ，アンデス山における大雨後の土砂崩壊により運ばれた明らかな堆積のあったことが報告されている．グローバルな気候変動の影響は緊急で重要な警告として，このようなところでも見ることができる．

［マチュピチュ遺跡］

インカ帝国の首都クスコは南米アンデス山脈の東側斜面に位置し，アマゾン川の源流にあたる．そのクスコの北西 80km にあるマチュピチュの遺跡は，二つの際だった高い山の間の尾根部（2,438m）に位置している．小さなテラスをもち，その両側は急勾配となり，斜面は 600m 下のウルバンバ川に落ち込んでいる（図 2-10-4）．テラスには神殿，宮殿，居住区，耕作地があり，神殿や宮殿は精巧な花崗岩のブロックで建てられている．年間降水量は平均 1,940mm で冬季（5 〜 8 月）に雨が少なく，夏季（10 〜 3 月）に雨が多いという季節変化がみられる．テラスは凹地であるため集水しやすく，耕作が行われていた．そのため綿密な排水工学に基づく水路もつくられており，2,000mm/ 年の降水量に対する水管理が行われていた．このことが長期間にわたり遺跡が崩壊せず保存されてきた要因の一つではないかと考えられている．ここマチュピチュの遺跡も，1983 年にユネスコ世界自然遺産に

図2-10-4 マチュピチュ周辺の ASTER 衛星画像（2001.6.25）
http://asterweb.jpl.nasa.gov/gallery/images/machu-picchu.jpg（NASA）

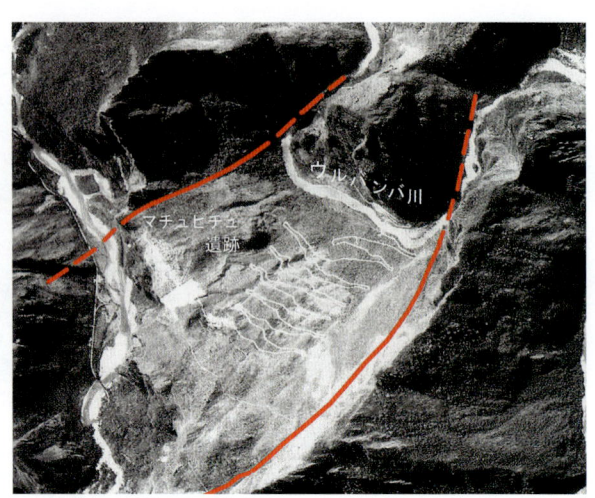

図2-10-5 マチュピチュ周辺の空中写真（1963.7）
蛇行する山道の先に遺跡が見える．赤線は断層位置を示す．

登録されている．

　現在，最も関心を集めているのは遺跡周辺の地すべりに関する問題である．1995年12月に最初の地すべりが2度立て続けに発生し，世界的関心が寄せられた．最近では2004年4月にも地すべりが起こり死者を出している．遺跡には年間30万人の観光客が押し寄せ人的圧力が増えており，遺跡への人数制限も行われるほどである．にもかかわらず400人/時を運ぶケーブルカーの建設計画ももちあがっている．これに対してケーブルカーは頂上駅が地すべり地内にあり，振動が災害の引き金になるとする報告もなされている．さらに観光客によるゴミ問題も発生しており，開発か保護かを巡る論議の的となっている．ペルーにとっては重要な観光資源であるが，遺跡保存の立場からすれば観光客を呼ぶ計画には慎重にならざるを得ないのも事実である．

　地すべり地域には二つの重要な断層が並行して走っており，地すべりは遺跡のある尾根を挟み，東西の斜面で生ずると推定されている（図2-10-5）．この地すべりの深さは100mに達するとみられている．ペルーの地質学者によると遺跡そのものが地すべり跡に建てられており，将来も再発する危険性を指摘している．すぐに起きるという危険性はないものの，ユネスコの下，京都大学防災研究所やカナダ，イタリアなどの各国機関が協力し，地すべり防止のための調査を進めている．

（参考文献）
(1) Anthony F. Aveni（2000）: *Between The Lines*, University of Texas Press.
(2) Ruth M. Wright and Alfredo Valencia Zegarra（2001）: *The Machu Picchu Guide book*, Johnson Books.
(3) Carreno, R. and C. Bonnard（1997）: Rock Slide at Machupicchu, Peru. *Landslide News*, No.10.
(4) Sassa, K., H. Fukuoka and H. Shuzo（2000）: Field Investigation of the Slope Instability at Incas World Heritage, in Machupicchu, Peru. *Landslide News*, No.13.
(5) Sassa, K., H. Fukuoka, T. Kamai and H. Shuzo（2002）: Landslide Risk at Inca's World Heritage in Machu Picchu, Peru. こうえいフォーラム，第10号.
(6) Sassa, K., H. Fukuoka, T. Kamai and H. Shuzo（2003）: Landslide Risk Evaluation in the Machu Picchu World Heritage, Cusco, Peru. こうえいフォーラム，第11号.

11. 原発事故の惨状（チェルノブイリと福島）

　突然日常生活が一変する事故が起きた。原子力発電所の事故である。原発事故による影響は周辺地域にとどまらず地球規模にも拡がり，しかも長期間にわたり影響を与え続けることになる。石油に変わる新しいエネルギーとして利用されてきたが，ひとたび事故を起こすとその影響は計り知れないことを改めて認識することになった。25年の時をおいて起きた二つの事故は，私たちの今後進むべき道に大きな問題を投げかけたといえる。一つは旧ソ連邦チェルノブイリ原発の事故，もう一つはわが国で起きた福島第一原発の事故である。いずれも原子炉から漏れ出した放射能が大気中に飛散し，生活や健康面だけでなく社会のあらゆる面で影響を与えている。ここでは原発事故がもたらした環境変化の一面を衛星画像から垣間見ることにする。

［チェルノブイリ原発事故］
　1986年4月26日1時23分，旧ソ連邦ウクライナ共和国にあるチェルノブイリ原子力発電所4号炉で，広島に投下された原子爆弾400～500倍ともいわれる史上最悪の原発事故が起こった。図2-11-1は事故直後のチェルノブイリ原子力発電所の惨状である[1]。事故翌日にスウェーデンで放射性物質が検出され，それを受けて旧ソ連政府は事故の公表に踏み切った。旧ソ連住民はラジオで避難勧告をうけたが，原発周辺30km圏内の住民（農民）の強制避難は事故から1カ月後になってからであった。約135,000人が移住させられ，立ち入りが規制された。しかし，30km圏外にあるホットスポット（高濃度放射線汚染地帯）の住民はそのまま5年間も放置されたままであったという。政府は爆発した4号炉の応急処置として，瓦礫処理とコンクリートで封じ込める石棺工事を延べ800,000人動員し行

図2-11-1　事故直後のチェルノブイリ原子力発電所（4号炉）の惨状　www.cher9.to/jiko.html

図2-11-2　Landsat5TM画像にみる事故当時の原発（1986.4，USGS/NASA）
http://landsat.usgs.gov/images/gallery/188_L.jpg

118　第Ⅱ部　宇宙から見た地球の姿

Landsat 1 MSS 1975.10.6
（原発建設前）

Landsat 5 TM 1986.4.29
（原発事故直後）

Landsat 5 TM 2011.4.27
（近年の状況）

図 2-11-3　チェルノブイリ原発周辺の土地被覆変化（USGS）
http://landsat.usgs.gov/images/gallery/233_M.jpg

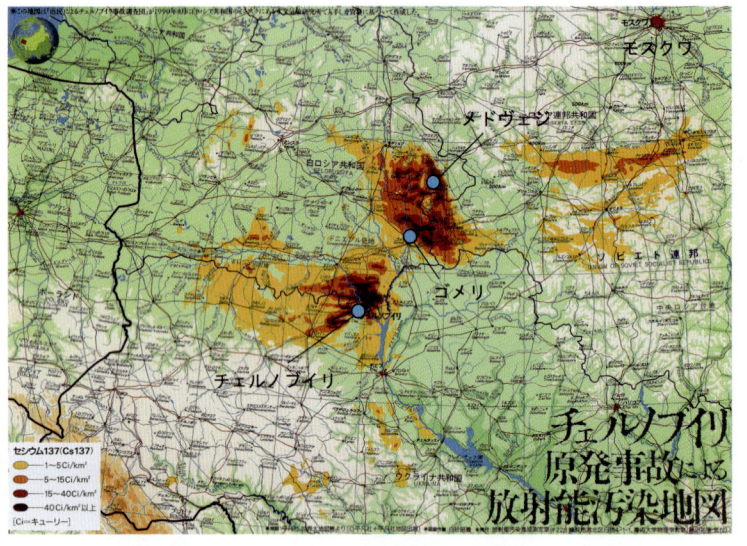

図 2-11-4　チェルノブイリ原発事故による放射能汚染地図
（発行：放射能汚染食品測定室）

った。ところが，あろうことか作業員にはどのくらい危険であるかも知らされず，約 55,000 人が死亡したといわれている。当初建設された石棺も老朽化し，2012 年から放射性物質を封じ込める新しいシェルター建設を着工した。ウクライナ政府では国内の電力不足を理由に，今後も残された三つの原子炉の運転を今後も続ける方針を固めている。

図 2-11-3 に建設から今日までの時間を経たチェルノブイリ原発周辺の衛星画像を並べた。原発は 1971 年に着工されて 1978 年運転が始まっている。1975 年の衛星画像（左）は建設中の画像である。河川沿いには湿地や農地が広がっている。1986 年 4 月の事故当時の画像（中央）では新たにつくられた冷却池とその北部にある事故を起こした原発（4 号炉）が見える。事故後 25 年経た 2011 年の画像（右）では新たなインフラによる発展はなく，人の手が離れた原発周辺の耕作地は草地や雑木林へと変わっている。

原発事故後に作成されたこの地方の放射能汚染地図（図 2-11-4）をみると，ウクライナ共和国とベラルーシ共和国の国境付近で大きく二つの高濃度汚染地域が広がっていることが示されている。一つはチェルノブイリ原発周辺，一つは北東に 200km 離れたゴメリ近郊やメドヴェジの集落周辺である。いずれもセシウム 137 は 40Ci/km^2 以上と高濃度である。

この放射能汚染の大きいウクライナ北部のチェルノブイリやプリピチャ地方を LANDSAT 衛星画

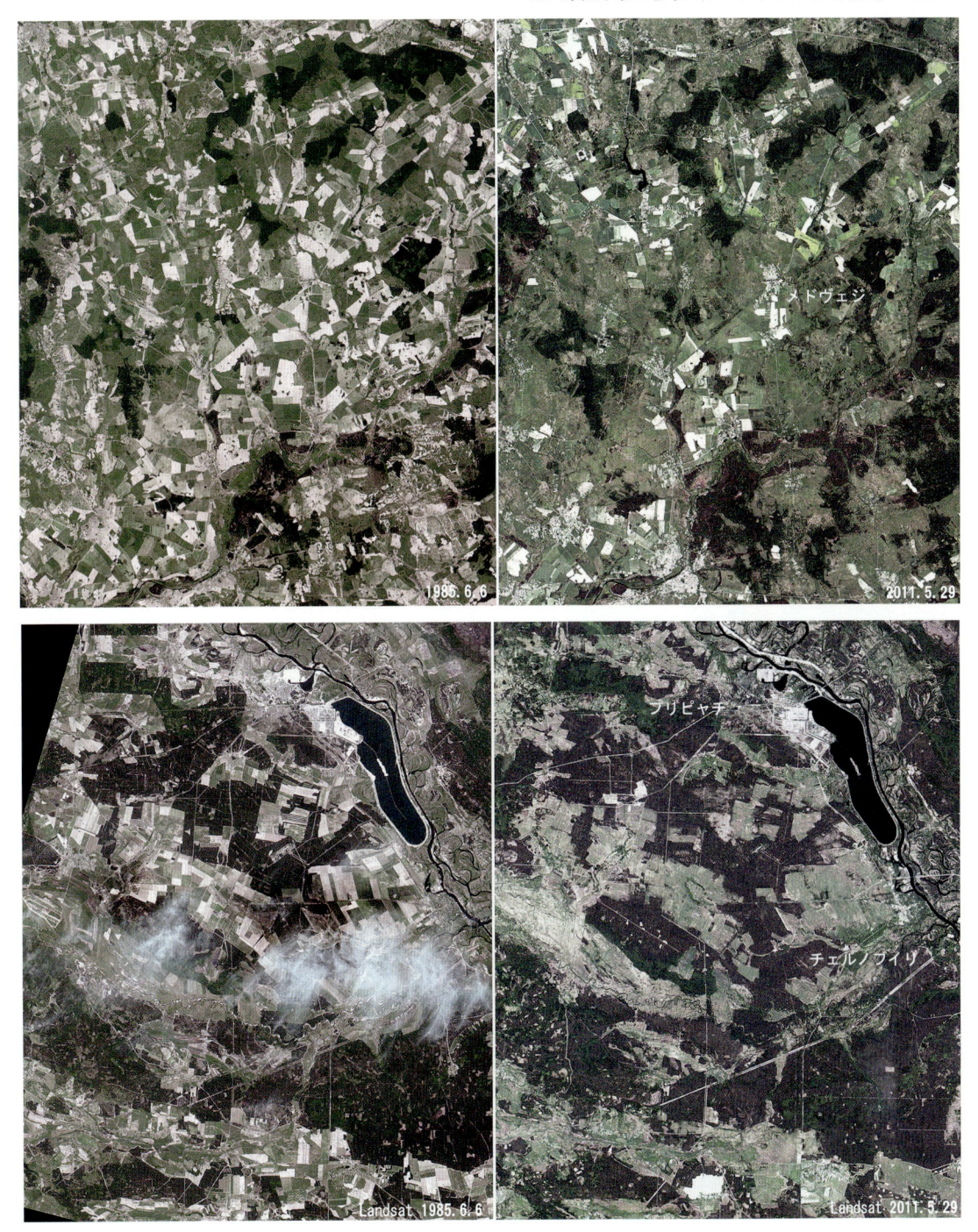

11. 原発事故の惨状（チェルノブイリと福島）　119

図 2-11-5　汚染濃度が高かったメドヴェジ周辺（上）とチェルノブイリ周辺（下）の衛星画像による土地利用変化（USGS）
原発事故発生時には明瞭に区画されていた耕作地は 2011 年では減少し，耕作地は草地や雑木林に変わっていることがわかる．

像でみると，多くの河川とその支流が集中し，世界有数の肥沃な土壌をもつ農地であることがわかる。しかし，原発事故前と最近の画像を比較すると，大きく土地利用が変貌していることがわかる。図 2-11-5 はメドヴェジ周辺とチェルノブイリ周辺の LANDSAT 衛星画像である。メドヴェジでは 1986

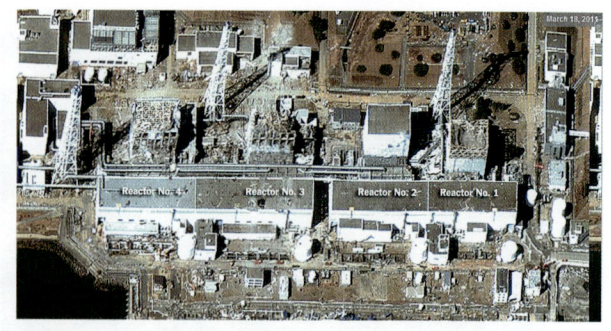

図 2-11-6　ニューヨークタイムス Web 版で公開された福島第一原発の事故前後の画像（@ New York Times）

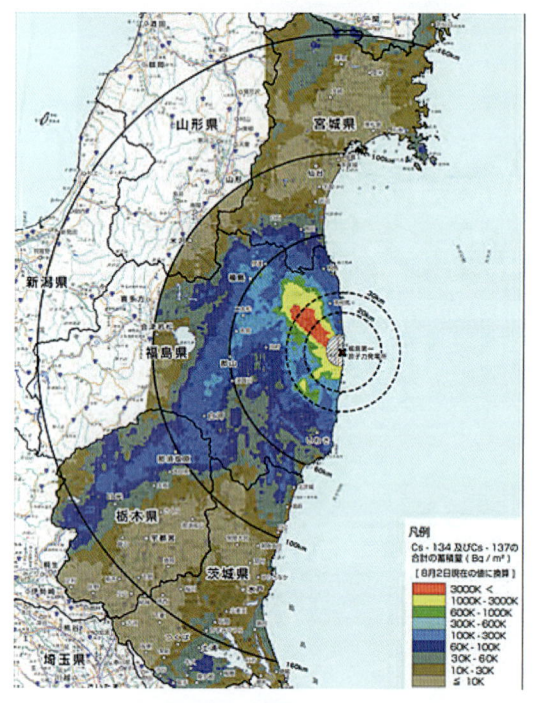

図 2-11-7　福島第一原子力発電所からの放射能漏れの状況
（朝日新聞，2011.9.11；文部科学省）
http://genpatsu.sblo.jp/article/47289931.html 等

年事故発生時の土地利用は，はっきりと区画された農地が無数に広がっている。ところが 2011 年の画像からは明瞭に農地とわかるものは数少なくなり，耕作地で覆われていた土地も草地や雑木林に変わっている。チェルノブイリ周辺でも農地は姿を消し，草地や雑木林に覆われている。原発事故後，土壌汚染への影響がまだ続いていることがうかがえる。放射能汚染地域から避難したことで人が去り，農地は荒廃し多くの町や村が地図上から消失した。四半世紀経過した現在でも事故後時間は止まり，"死の町"となっているところもある。人が戻り安心して生活できる日はかなり先になりそうだ。

[東京電力福島第一原子力発電所の爆発事故]

2011 年 3 月 11 日午後 2 時 46 分，国内観測史上最大となるマグニチュード 9.0 の超巨大地震が東北日本太平洋沖で発生し，直後に三陸地方を中心に大津波が襲った。甚大な被害をもたらした東日本大震災である。東京電力福島第一原子力発電所もこの地震や津波で大きな被害を受けた。原発を襲った津波の高さは 14 〜 15m にも達していた。原発は津波による浸水で外部電源の確保がなされず，このため原子炉が冷却できずメルトダウンを起こした。翌 3 月 12 日からの相次ぐ水素爆発で，放射性物質が大気中に飛散し地域汚染が拡まった（図 2-11-6）。汚染範囲は土壌汚染の測定結果により原発から北西方向の双葉町，浪江町，飯舘村，南相馬市などの地域へ拡散していたことがわかった（図 2-11-7）。

政府は年間放射線量のモニタリング調査から，除染しなければ年間放射線量 20 ミリシーベルト以上の地域は 5 年後も 7 市町村になることを発表し，長期にわたる規制を示唆している。

この津波と原発事故による影響は，震災前後の同時期に観測された衛星画像からも読み取ることができる。図 2-11-8 の衛星画像は，緑色が森林や草地，農作物など植生のある地域，茶色は裸地など表土の露出している地域である。濃い緑色で示される地域は，米などの作付けが行われていたことが

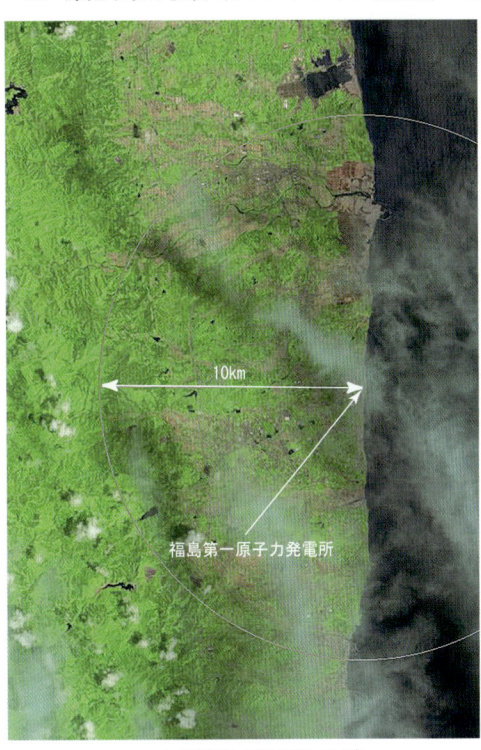

図2-11-8 福島第一原子力発電所周辺の震災前後の衛星画像（USGS/NASA）

推測される地域である。2004年には低地に多く見られていた地域であるが，2011年ではほとんど見ることができない。原発周辺は津波による被害のほか原発事故で震災後に人の立ち入り禁止区域となり，農地は放置されたままであったことがうかがえる。原発周辺の農業が再開されるのはかなり厳しく，復帰には長い時間を要することになるだろう。

（参考文献）
(1) チェルノブイリ医療支援ネットワーク　www.cher9.to/jiko.html
(2) View Entire Image Gallery Chernobyl（USGS, NASA）
   http:landsat.usgs.gov/images/gallery/188_M.jpg
(3) 同：http://landsat.usgs.gov/images/gallery/233_M.jpg
(4) チェルノブイリ原発事故による汚染地図
(5) チェルノブイリ周辺の衛星画像
(6) ニューヨークタイムスのWeb版
(7) 朝日新聞（2011.9.11）東日本大震災
   チェルノブイリ原発事故と福島原発事故の比較に関して：福島原発事故に関して
   http://genpatsu.sblo.jp/article/47289931.html
   文部科学省（2011）：文部科学省及び茨城県による航空機モニタリングの測定結果について
   http://www-pub.iaea.org/mtcd/publications/pdf/pub1239_web.pdf
(8) 福島第一原発周辺の衛星画像（USGS / NASA）

12. 中国西域を流れる河の行方

　19世紀後半から20世紀の初めにかけ，中国西域や中央アジアは地図上の空白地帯であり，英露の覇権をかけた情報合戦「グレート・ゲーム」が繰り広げられた地域であった。密かに地図作成が行われる一方で，スウェン・ヘディン，オーレル・スタイン，大谷探検隊などの探検家による古代廃墟の発掘が行われた。かつては古代シルクロードに沿って，中国とヨーロッパの東西交易で栄えたオアシス都市であったが，気候変動やたび重なる戦乱によって衰退，廃墟と化し，次第に人々の記憶から忘れ去られていった遺跡である。古代シルクロードは西安の都から西へ河西回廊を通り，安西から先は天山北路，天山南路，西域南道のルートに分かれ，さらにヨーロッパへと続いていた。しかし，これらルートにあたる中国北西部の新疆ウイグル自治区は砂漠や高山などが立ちはだかる厳しい自然環境にあり，キャラバン商隊にとっては最大の難所であった。このためシルクロードに点在するオアシス都市は重要な宿営地となっていた。そこで暮らす人々や動植物にとってもオアシスは貴重な水源であり，その変動が都市の存亡に大きくかかわってきた。現在においてもこの乾燥地域を潤す河川は生活を支える重要な基盤となっていることには変わりないが，近年になり水をめぐる乾燥地域特有の問題

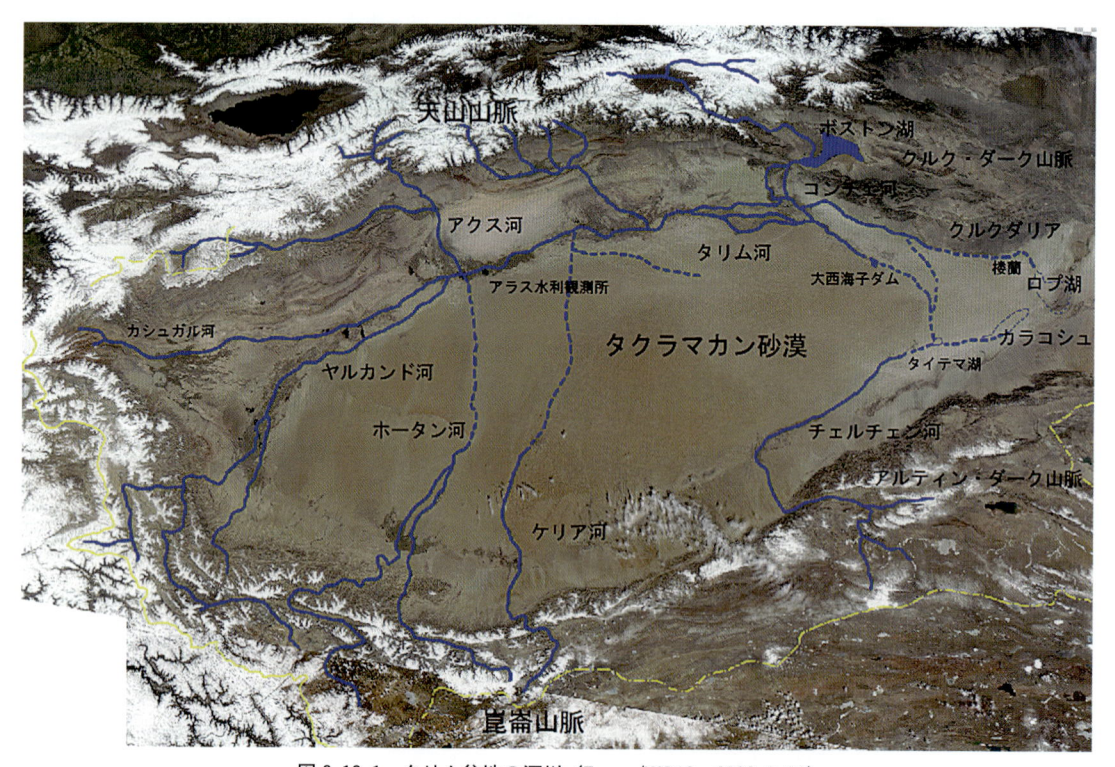

図 2-12-1　タリム盆地の河川（Terra/MODIS；2002.3.29）
タリム盆地内にはタクラマカン砂漠が広がり，周辺山地からの雪融け水を集めた河川は
ロプ・ノール地域へと東流する． http://rapidfire.sci.gsfc.nasa.gov/gallery/?2002088-0329（NASA/GSFC）

12. 中国西域を流れる河の行方　123

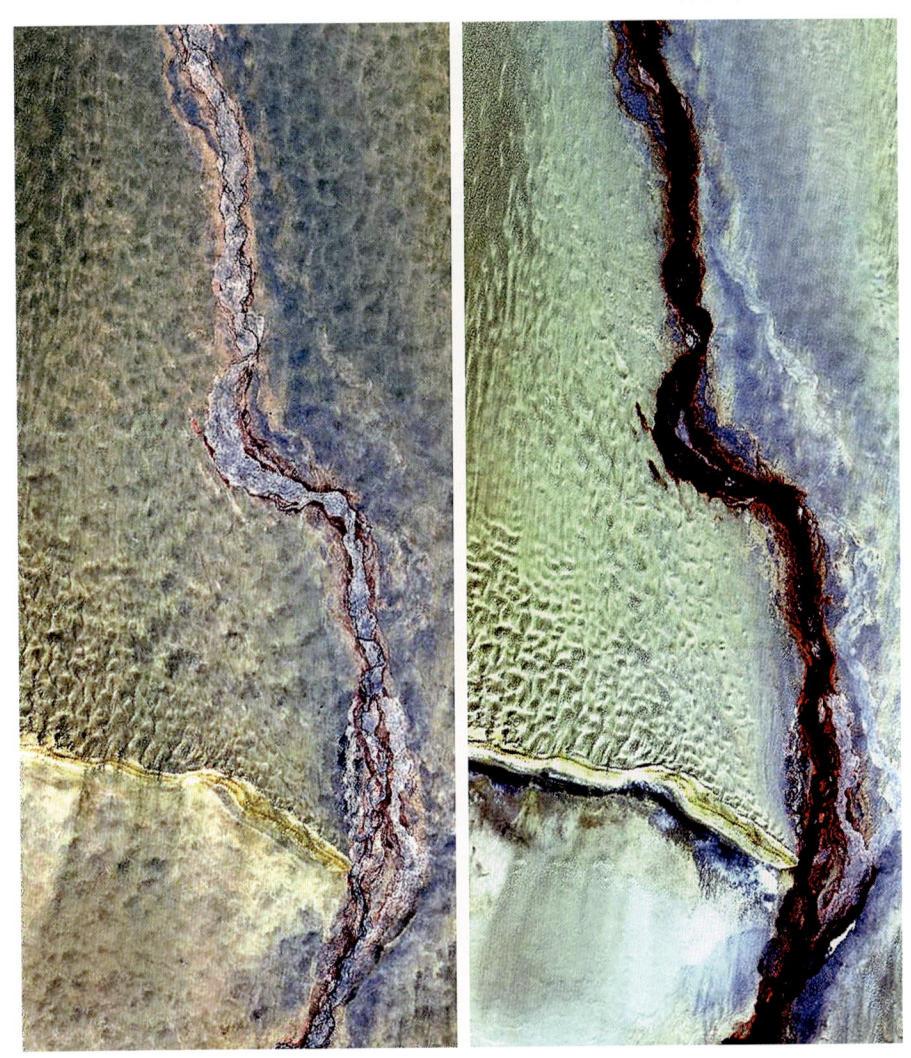

図2-12-2　マザール・ターグ付近のホータン河（Terra/ASTER；左：2002.4.30，右：2003.10.1）
崑崙山脈の雪解け水を水源としたホータン河は，春には砂漠を縦断し水が流れ始める．
河川沿いには植生も蘇り魚もみられる．http://glovis.usgs.gov/（U.S.Geological Survey/NASA）

が生じている．

　中国北西部の新疆ウイグル自治区には，地質時代の新第三紀から第四紀に形成された東西1,500km，南北600kmの世界一の広さをもつタリム盆地がある．ここには日本の面積にほぼ相当するタクラマカン砂漠（34万km^2）が広がる．高さ150mの移動性の砂丘が連なる「死の海」と名づけられた砂漠地帯である．年間降水量は50〜70mmにすぎず，蒸発量は年間2,000〜3,000mmにも達する．図2-12-1にタリム盆地のおもな河川を示した．河川は周囲の高山からの融雪水を水源としてタリム盆地に流れ込み，最後には砂漠の中に浸透するか，窪地に湖沼を形成し蒸発してゆく．盆地内に流れ込む河川の多くは，標高の最も低い東部のロプ・ノール地域へ向かい流れる．

　タリム盆地には九つの水系と144の河川があり，そのなかでも代表的な河川は，タリム盆地の北縁を東西に流れるタリム河である．タリム河は上流にアクス河，ヤルカンド河，ホータン河の支流をもち，

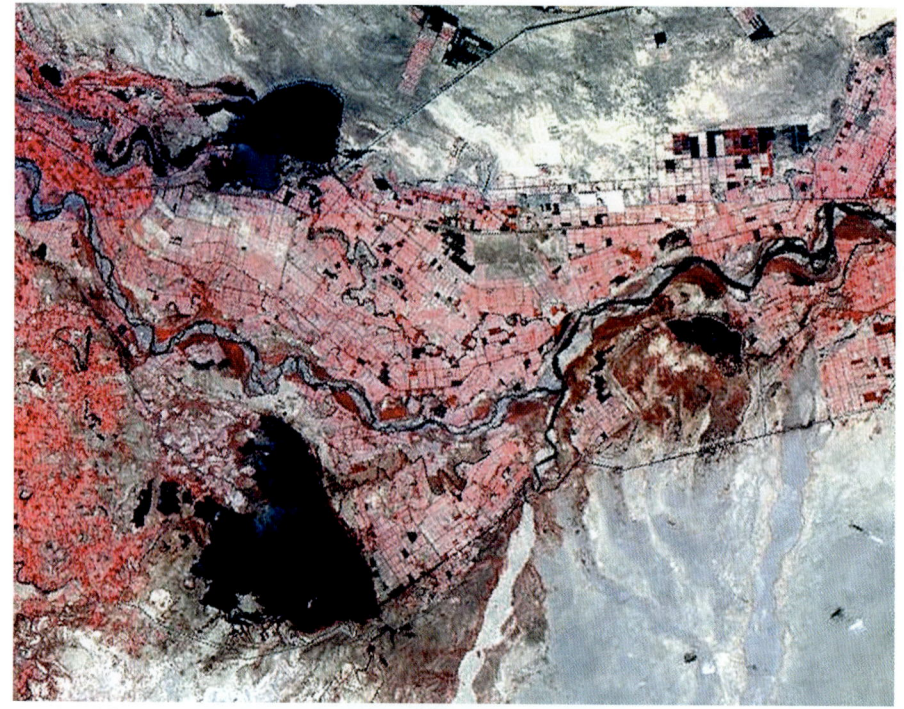

124　第Ⅱ部　宇宙から見る地球の姿

図 2-12-3　タリム河とホータン河の合流地域に広がる耕作地（Terra/ASTER；2001.5.27）
タリム河の水を利用した綿や稲などの耕作地が拡大した．http://glovis.usgs.gov/（U.S.Geological Survey/NASA）

　天山山脈，パミール高原，崑崙山脈にある雪や氷河の雪融け水を水源とし，雪融けとなる6〜8月に増水する．その全長は1,321km，支流を含めると2,179kmにもなる，中国最長の内陸河川である．支流のホータン河は，雪融け時の3カ月間のみタクラマカン砂漠を北へ縦断して流れる季節河川である．河川は西城南道最大の町ホータンから北へ500kmの距離を，約40日かけ高低差150mの平坦な砂漠地帯を蛇行しながら進み，タリム河と合流する．この間に川幅は2〜4kmにも拡がる．ホータンで200m^3/sを超えていた水量も蒸発や砂の中に浸透し，合流地点では4分の1に減少してしまう．そして10月には再び水量が減少し，川は姿を消し砂漠と化してしまう．この様子は図2-12-2の衛星画像からも捉えられている．

　タリム盆地では古くから農業開発が行われ，すでに唐の時代（7〜10世紀）には緑地帯における生産は大きく発展しており，清の時代末には初歩的なオアシス灌漑が形成されていた．1949年以後は新疆地域開発のスローガンのもと耕作地が拡大し，1990年代にはタリム盆地の開発はピークを迎え，耕地面積は246.25万haに達している．同時に耕地の増大や人口の増加に対応するため地下水探査も始められている．2000年の西部開発運動を機に，2003年にはタクラマカン砂漠の地下に360億km^{3}の貯水能力をもつ帯水層が発見されたことが報じられている．さらにロプ・ノール（羅布泊）東部地域にも地下水分布域に直接飲用にできる淡水が発見され，水需要への対応が計画されている．

　しかしその一方で，タリム河上流にあるアラル水利観測所では，タリム河の水量が1960年代前半から1990年代に著しく減少している．この水量の減少は1950年代中頃から始まった三つの支流に隣接した耕地拡大のためで，1949年の64万haから1995年の103万haに増大したことによる水利

用の増加にあった（図2-12-3）。これと同時にアラル水利観測所では，淡水内陸河川であったタリム河の塩分濃度が1960年代前半から上昇し始めている。90年代後半には3〜4g/ℓともはや淡水河川と呼べない状態となり，1998年には10g/ℓ以上の塩分濃度が記録されている。この水を利用する下流に住む人々にとって，飲料に適した水とはいいがたい深刻な問題に発展している。乾燥地域で多くの水を利用し灌漑する過程で，'洗浄塩'と呼ばれる洗われた塩類がタリム河に排出されたことが原因と考えられている。さらに，アクス農業地域の下流域では地下水塩分が10g/ℓまで増加しており，塩害による耕作地の被害拡大も危惧されている。

下流地域では農地拡大に対する環境回復のさまざまな試みが行われている。1958年にタリム河下流に広大な乾燥地を水田や畑に変える目的で，大西海子ダム（現在廃止）が建造された。流域にあるおよそ100のダムのうち最大規模のものである。この

図2-12-4　タリム河最下流域
（Landsat；2002.10.18/2002.11.12）
ボストン湖からの水がタリム河下流に供給され，河川沿いの緑地や末端部のタイテマ湖が復元されつつある．
http://glovis.usgs.gov/（U.S.Geological Survey/NASA）

ため，1972年以後はダムの下流320kmへの水の供給がなくなり，河川は干上がり周囲の乾燥化が進んでいった。そこで，生態系のさらなる劣化を防ぐために，中国政府は2000年にタリム河下流と末端域のタイテマ湖再生のため107億元（13億USドル）の緊急5カ年水利転換プログラムを始めた。2000年5月以来6回，23億m^{3}の水がボストン湖からポンプステーションを通し吸い上げられ，庫塔幹線用水路を経てタリム河に流されている。この結果，タリム河下流のオアシスの緑も回復し，タリム河末端には6km^{2}のタイテマ湖が形成されつつあるといわれている（図2-12-4）。現在，タリム河流域の大規模な総合的治水事業が始められており，毎年3.5億m^{3}の水がタイテマ湖に供給される予定である。

中国最大の内陸河川タリム河も，最後にはタリム盆地東端で灌漑や浸透によってその姿を消してしまう。かつてタリム盆地東端にはタイテマ（約88km^2，平均標高807m），カラコシュン（約1,100km^2，平均標高788m），およびロプ・ノール（約5,350km^2，平均標高778m）と呼ばれる三つの湖が，それぞれ水路によって結ばれ存在していたと考えられている。ロプ・ノールは孔雀河（コンチェ河）によって，タイテマ湖はタリム河，カラコシュンはチェルチェン河によってそれぞれ水が供給され，独特

図2-12-5　タリム盆地東部のロプ・ノール地域（MODIS；2001.10.28）
http://earthobservatory.nasa.gov/Newsroom/NewImages/Images/lopir_lrg.jpg（NASA）

の水文環境をもっていた。そのなかでもロプ・ノールは，モンゴル語で「多くの水源を一点に集める湖」の意味をもち，中国で2番目の大きさの塩水湖として存在していた。また，唐時代以前はロプ・ノールに流れ込む孔雀河の水量も豊富で，ロプ・ノールはシルクロードに光り輝く真珠と呼ばれるほど水を満々と湛えていたことが，古記録にも記録されている。しかし，5世紀以降は孔雀河の水はタリム河へ人為的に流れを変えられ水量は徐々に減少し，その後19世紀まで乾燥した時期が続いたと推定されている。図2-12-5はロプ・ノールが存在したとされるタリム盆地東部の衛星画像である。

　19世紀後半スウェーデンの探検家スウェン・ヘディンは，タリム河や干上がった孔雀河の河床を通りロプ・ノール周辺の調査を行い，河川の回帰と湖の復活を予測した。後にいわゆる「さまよえる湖」の論争が起きている。予測どおり1920年代初めには再び孔雀河に水が戻り新生ロプ・ノールが出現し，一つの論争の決着をみるかたちとなっている。これは，慰梨付近で行われた孔雀河の河道変化によるものと考えられている。ヘディンの調査では，この時の新生ロプ・ノール（北部水域）は水深数十cm～数mと浅く，広大な水面が広がっていたことが報告されている。ところが，1950年代後半には河川の水量が減り，新生ロプ・ノールは再び干上がってしまった（図2-12-6）。1952年ころからはタリム河，孔雀河の水を人の多く住む南部地域へ流すためにダム建設計画が始まっており，人

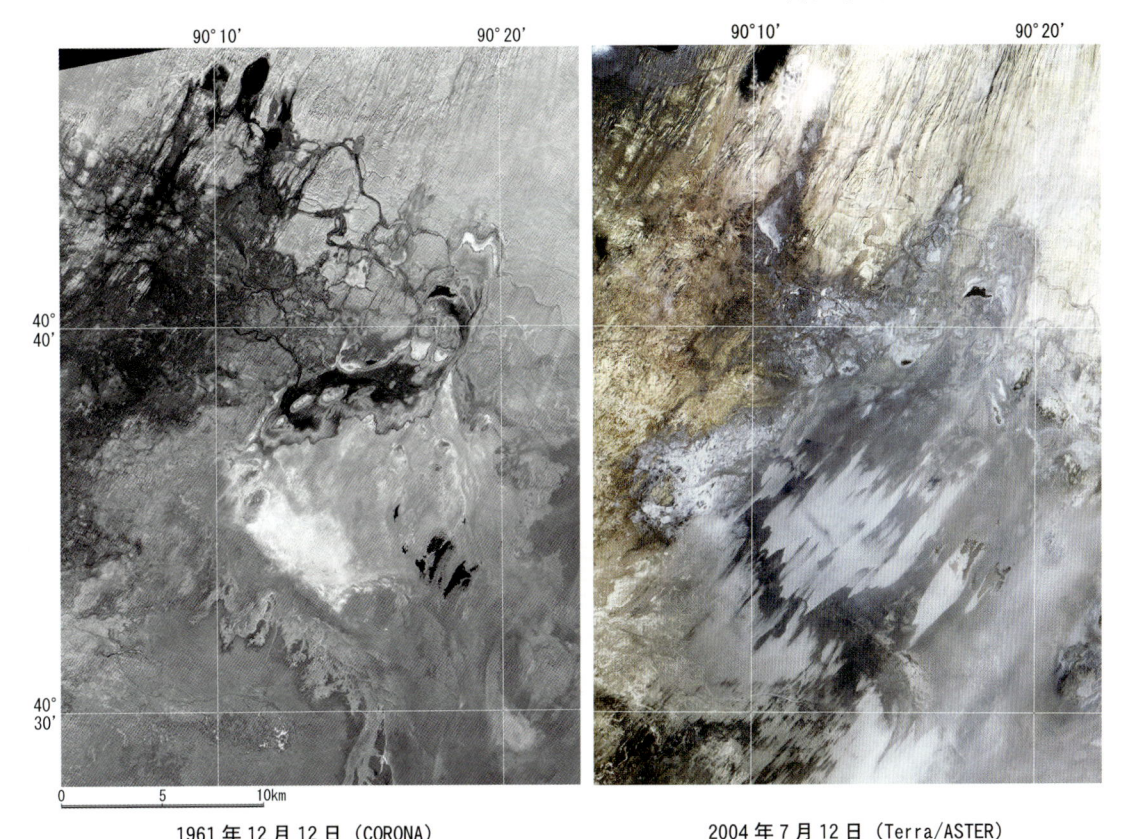

図 2-12-6　ロプ・ノール最北部の環境変化
1960 年代初めまでわずかにみられたロプ・ノール最北部の水域や孔雀河も，現在は干上がり移動する砂に覆われている．

為的に孔雀河の水流が分断されたため湖が姿を消したと推定されている．

　現在のロプ・ノールは完全に干上がり湖床は固い塩殻で覆われ，周辺は東北東の卓越風（カラブラン）によって地表が侵食されてできたヤルダン地形が連続している．また，移動する砂で覆われることも多く，楼蘭をはじめ多くの遺跡が埋もれている．ロプ・ノール周辺の 100m コアによる花粉分析などから，第四紀（180 万年前～）には湖が存在しており，第四紀後半からはすでにこの地域の乾燥化が進行していたこともわかってきた．タリム盆地の気候変化はその誕生時から始まっていたが，今世紀に入り人的影響による環境の劣悪化が顕著になってきている．これ以上の悪化を招かないような施策が必要である．

(参考文献)
(1) 科学技術振興機構（2001）：「タクラマカン砂漠大紀行～消えゆく大河を追う～」（サイエンスチャンネル）．http://sc-smn.jst.go.jp/8/bangumi.asp?i_series_code=B013001&i_renban_code=001
(2) 深田久弥監修ほか（1978）：『ヘディン探検紀行全集 3, 4, 14』白水社．
(3) Shen Yuling（2003）: *Land and Water Resources Management in Xinjiang Uyuar Autonomous Region*, China NOLD Ph.D-cource.

13. 光と闇の社会学

　第一次世界大戦のおり，灯火管制下にあったロンドンで「星空のなんと美しいこと！」とロンドン子が驚いた，という記事を何かで読んだことがある。現在の日本でも都会子はほとんど星空を知らない。実際，新宿や渋谷の夜はネオンが輝き一晩中「不夜城」のごとくであり，空を眺めても天の川はおろか星ひとつ見えない。きっと現代っ子は夜空に星が輝いていることを知らないだろう。なにしろ都会には「真の闇」がないのだから。

　地球観測衛星の変り種に，「夜の地表面」を観測する衛星[1]がある。アメリカの軍事気象衛星「DMSP；Defense Meteorological Satellite Program」である。この衛星に搭載されているOLS（高感度可視近赤外センサ）は，月明かりに照らされた雲を調べる。また，雲のないところでは地上から発せられる微弱な光を捕捉できる。衛星の高度831km，軌道の傾斜角98.7度の太陽同期極軌道で，地球を101分で周回し同じ場所を1日2回通過する。もちろん地球の昼間の面も観測できる。

　図2-13-1は，この米国の軍事気象衛星DMSPがとらえた夜の地球[2]である。米国の東海岸，欧州各地，それに日本など大都市や人口密集地では人工的な光に満ち溢れているのに驚かされる。それに対して，南アメリカのアマゾンからアンデスにかけて，アフリカ，ヒマラヤとその北側につづくゴビやタクラマカン砂漠地帯，シベリアからカナダへ続くツンドラ地帯，それにオーストラリアは光のない暗黒のゾーンであるのにも驚く。人が住んでいないのだから当然といえばそのとおりなのだが。図2-13-2は日本と朝鮮半島付近を切出した画像[3]である。日本では東京，名古屋，大阪，福岡，仙台，

図2-13-1　DMSPがとらえた夜の地球（2000 Nov. 27）（NASA/GSFC）[2]

13. 光と闇の社会学　129

札幌などの大都市圏とそれを結ぶ交通網に沿って光がつながっている。韓国もソウルやプサンは煌々と輝いているが，軍事境界線を挟んで北側の北朝鮮はまったく光がない。GDP格差による電力消費量の差が明確である。

図2-13-3は，中国の1992年と2010年のDMSPによる夜間光量変化を比較した画像である。中国の社会主義市場経済への移行と改

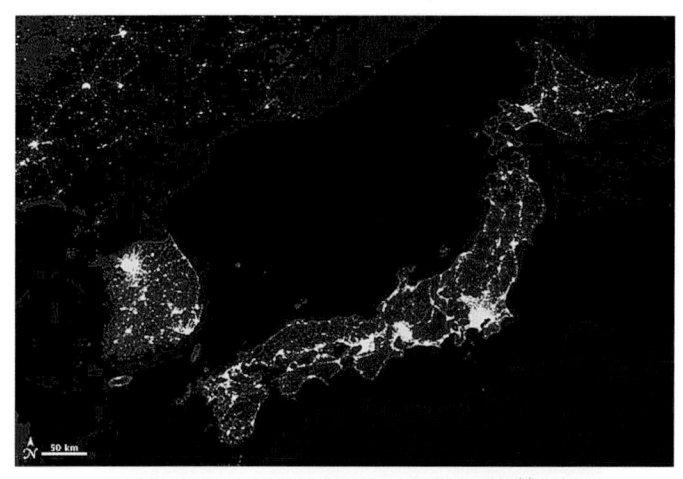

図2-13-2　DMSPによる日本と朝鮮半島[4]

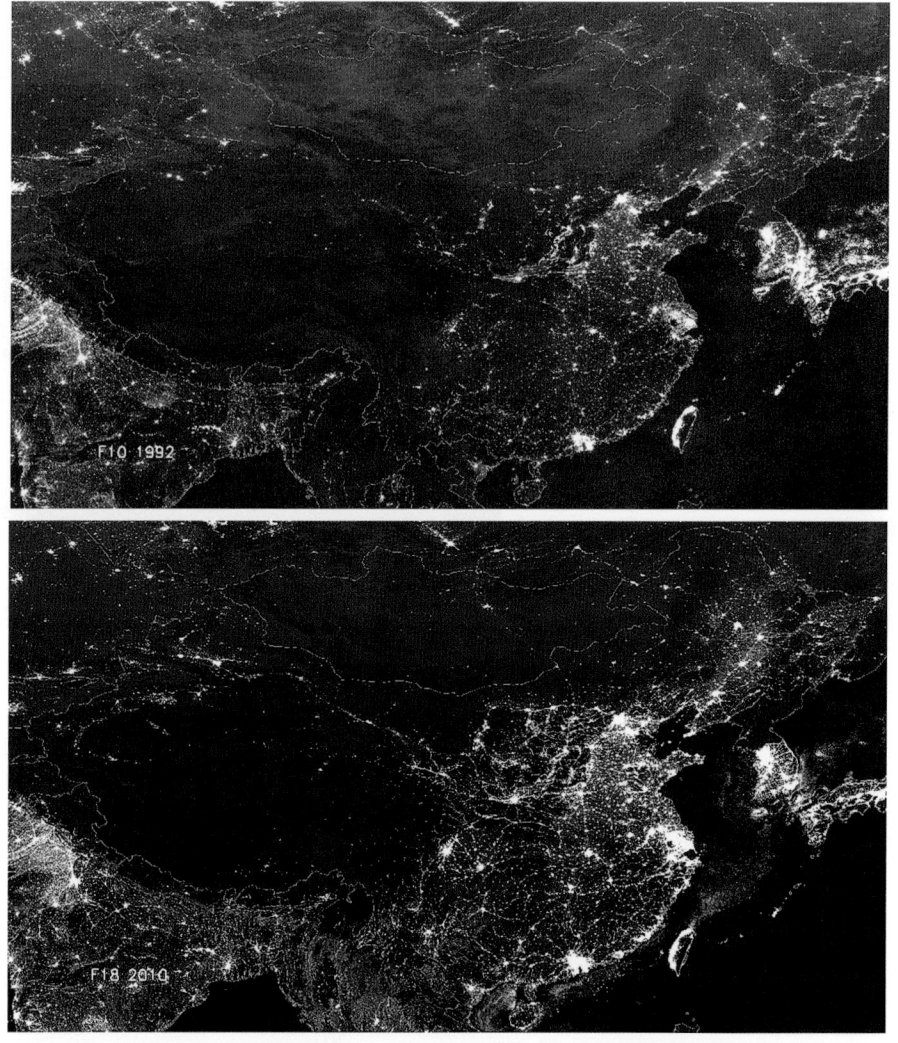

図2-13-3　中国の1992年（上）と2010年（下）の夜間光量の変化[12]

革開放政策による急速な発展が光量の変化から読み取れる。とりわけ北京，上海，香港などの都市部で大きく増加しているのがわかる。現在，中国では農村部と都市部，内陸部と沿岸部の地域格差が拡大し経済格差などの問題をかかえており，今後のどのように変わるか夜間画像からも注目される。

このDMSP/OLSで夜間の都市部の光を捉えることで，各都市のエネルギー電力消費量を推定する研究も行われている。図2-13-4は日本近海をDMSP/OLSで捉えた画像[4]である。赤い円で囲った中に明るい点群が見える。これは集魚灯をつけて操業する漁船の群団である。夜間の集魚灯を捕捉することで，漁場の位置と季節による漁場の変化や出漁船数を推定することもできる。この画像は，北海道大学水産科学研究院の衛星資源計測学研究室（斉藤誠一教授）[5]が作成・公開している衛星画像データベースから引用したものである。ここには1994年1月から現在まで蓄積されている。

OLSセンサは森林火災や火山噴火などの災害モニタリングにも役立っている。農林水産省の森林総合研究所と農林水産研究計算センターでは，米国のDMSP/OLSデータに地理的補正を加え，可視・近赤外のデータから月明かりの照り返しと都市部の光を取り除いて森林火災を抽出する「森林火災早期発見システム」[6]を開発している。2000年（平成11年）に実運用を開始し，2001年から宇宙開発事業団（JAXA）と共同協力協定を結び，「森林火災モニターシステム」をWeb上に公開する実験[7]を経て，現在はアジア太平洋地域の自然災害監視の国際協力プロジェクト（センチネル・アジア）[8]や米国北極圏研究センターと共同でIJISプロジェクト[9]によりアラスカ森林火災モニターなどに生かされている。もちろんDMSP/OLSだけではなく，日本が打上げたALOSやGOSATはじめ米国のMODISなど，あらゆるセンサが使われている。

最初に書いたように，大都会では夜星をみることができない。光の公害である。「不必要な光は消そう」という取り組みが始まっている。「光が天文観測に支障きたす」というだけでなく，エネルギー資源の無駄づかいや植物や昆虫，鳥類など生態系への影響も少なくない。

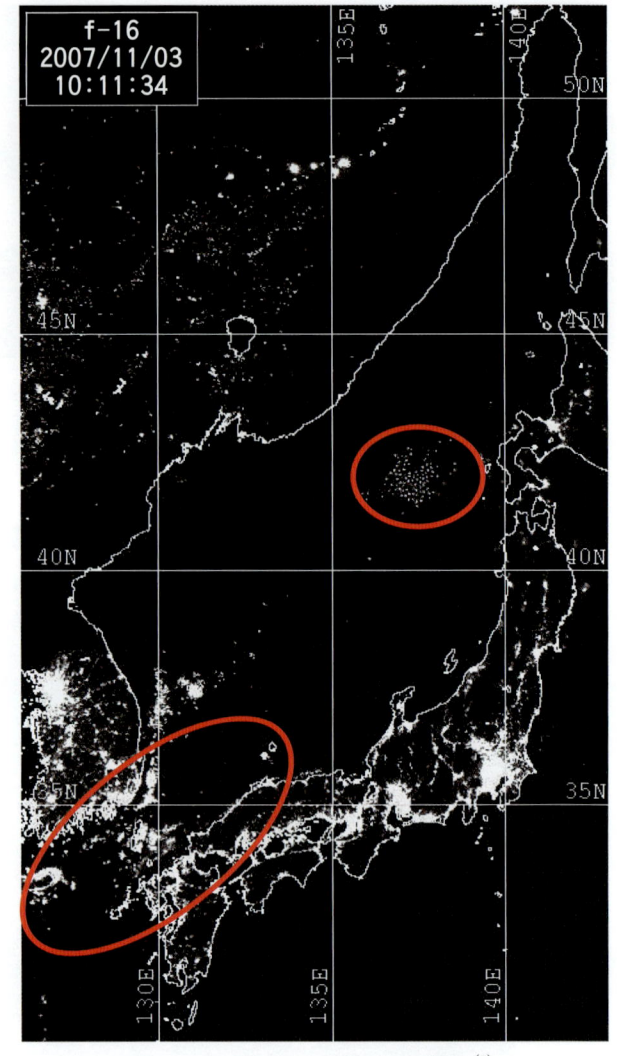

図 2-13-4 集魚灯で操業する漁船群[5]

図 2-13-5　国際宇宙ステーションから撮影した夜の東京 [10]

　図 2-13-5 は国際宇宙ステーションに滞在する宇宙飛行士が撮影した，2008 年 2 月 5 日の夜の東京 [10] である。東京の中心部，とくに山手線はネックレスのように輝き，ここから郊外に向けて鉄道や道路に沿って放射状に連なって見える。街全体が青みかかった緑色に見えるのは，水銀灯が多く使われているからである。これをナトリウム灯に変えると，光量は水銀灯に比べ少ないので影響は軽減される。実際に米国カリフォルニア州のサンノゼでは，条例で街灯をすべてナトリウム灯にかえている。わが国でも岡山県井原市（旧美星町）では，美しい星空を守るための「光害防止条例」を 1989 年 11 月に制定した。群馬県高山村では，「高山村の美しい星空を守る光環境条例」を 1998 年 3 月に制定している。こうした動きに対し環境省では，1998 年 3 月に「光害対策ガイドライン」を策定，これにより各自治体でもパチンコ店などのサーチライトを禁止する条例制定などが始められている。先に述べた集魚灯も青色発光ダイオードに変換することで，消費電力は従来のものに比して 1/50 〜 1/100 となり，指向性も高いので必要な方向以外への漏れも軽減されることから，試験が試みられている。

　こうした取り組みにより，消費電力の削減に伴う二酸化炭素排出量の大幅削減と周辺地域の星空の回復が期待される。

　2011 年 3 月 11 日，東北日本を中心に未曾有の地震が発生し，私たちの生活に大きな影響を与えた。図 2-13-6 は東日本大震災時の DMSP/OLS 衛星による震災前後の東北地方の光量変化を追った画像である。2010 年と 2011 年の震災前後の画像をそれぞれに合成したものである。黄色は両時期とも夜間で光が検出された地域で，赤色は震災時に光が検出されなかった地域である。震災直後は太平洋側の

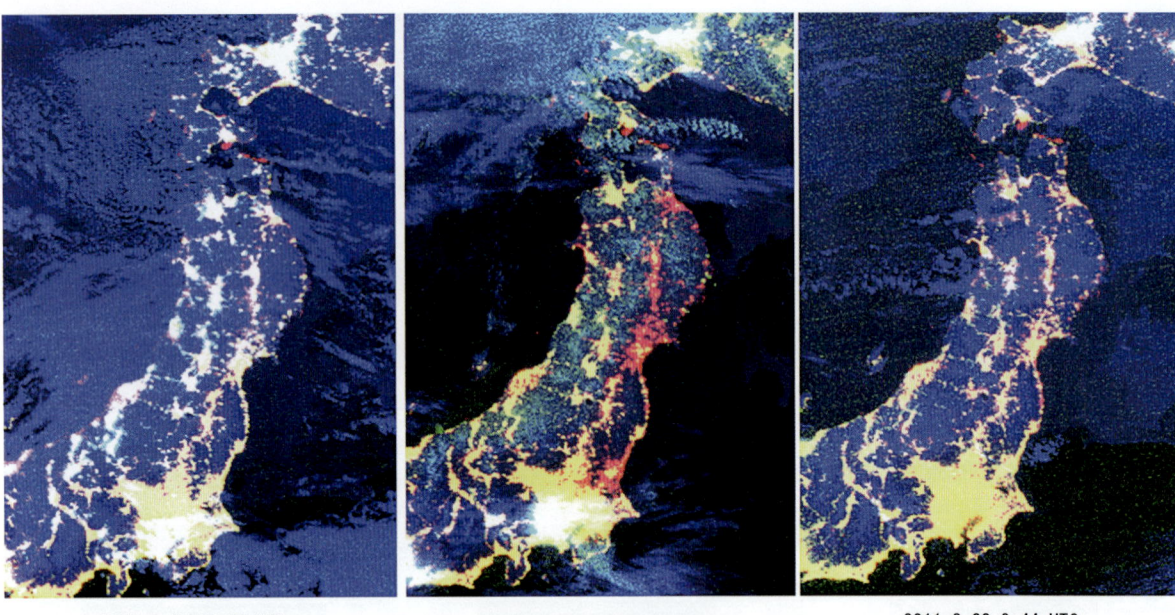

2011. 3. 10 09:55 UTC   2011. 3. 12 09:30 UTC   2011. 3. 28 9:44 UTC

図 2-13-6　DMSP/OLS 衛星がとらえた夜間の光量変化
2010 年と 2011 年の衛星画像を合成したもの．
赤色の地域は光量（電力）の減少，黄色の地域は光量（電力）の維持された地域[11]．

ほとんどの地域で光量が減少したことがわかる。これは東日本の太平洋側一帯で大規模な停電に陥り，電力供給が得られていなかったことに一致する。2 週間以上経過した 3 月 28 日には震災前の状況に復旧しつつあるが，岩手県，宮城県，福島県の津波で被災した沿岸地域では回復していないことがわかる。

（参考文献）
(1)　軍事気象衛星（DMSP）　　http://www.restec.or.jp/databook/d/d-41.htm
(2)　夜の地球　　http://antwrp.gsfc.nasa.gov/apod/ap001127.html
(3)　日本と朝鮮半島　　http://earthobservatory.nasa.gov/Features/EarthPerspectives/
(4)　日本海の DMSP/OLS 画像　　http://ubics6.fish.hokudai.ac.jp/DMSP/japansea/image/F16200711031011.jpn.vis.jpg
(5)　北大水産 衛星資源計測学研究室　　http://odyssey.fish.hokudai.ac.jp/
(6)　OLS の概要と森林火災の把握　　http://www.affrc.go.jp/satellite/dmsp/dmsp1/nagatani/nagatani.html
(7)　森林火災モニター試作システムの公開　　http://www.jaxa.jp/press/nasda/2003/forest_20030530_j.html
(8)　センチネル・アジア　　http://www.jaxa.jp/article/special/sentinel_asia/index_j.html
(9)　北極圏研究ウエブサイト　　http://www.ijis.iarc.uaf.edu/jp/index.htm
(10)　国際宇宙ステーションから撮影した「夜の東京」　　http://earthobservatory.nasa.gov/IOTD/view.php?id=8683
(11)　東日本の夜間光量変化　　http://www.ngdc.noaa.gov/dmsp/data/web_data/japan/loop/Japan_Tsunami_loop.html
(12)　中国の夜間光量変化　　http://www.ngdc.noaa.gov/dmsp/data/web_data/china_movies/china/china_movie.html

14. 海嘯こんどは東日本を襲う

　海嘯（かいしょう）とは海岸に押し寄せる「高い波」のことで，津波の俗称でもある。日本語の津波が「TSUNAMI」と書いて国際的な科学用語として，今では世界の共通語になっている。この津波を各国で打ち上げた多くの衛星が地球を周回し常時地表を観測している。自然災害など突発的な出来事や緊急観測にも対応できるようになってきている。東日本で発生した災害にもさまざまな地球観測衛星が翌日から観測を行っており，ここでは観測された画像からいくつか紹介する。

　2011年3月11日14時46分頃三陸沖を震源とするマグニチュード9.0の地震が発生した。直後，水深1,600mの海上で発生した津波は十数分で近隣沿岸に到達した。この津波によって，北海道から千葉県に至る太平洋沿岸域で甚大な被害がもたらされた。

　図2-14-1は3月14日の三陸海岸をとらえた衛星画像である。海岸に到達した津波は陸地を遡上し，その高さはおよそ最大40mにも達している。

　湾奥の低地に広がる市街地や集落はこの津波で甚大な被害を受け，多くの人命や建物が失われた。画像には，浸水した市街地や押し流された漂流物が三陸沖の海上を漂う様子が克明に映し出されている。

　被害は1年たった2012年2月末で岩手県，宮城県，福島県の東北3県で，死者15,786人，全壊家屋124,240戸，半壊家屋208,134

図2-14-1　津波来襲後の南三陸海岸（数字は津波の最大遡上高）
（Terra/ASTER；2011.3.14, MEIT/NASA）

134　第Ⅱ部　宇宙から見る地球の姿

図 2-14-2　陸前高田市と広田湾の津波襲来前後の衛星画像（左：2011.3.1，右：2011.3.14；MITE/NASA）
　　　　　　津波は市街地を一掃し瓦礫の山を残した．点線は大量の瓦礫が漂着した箇所．

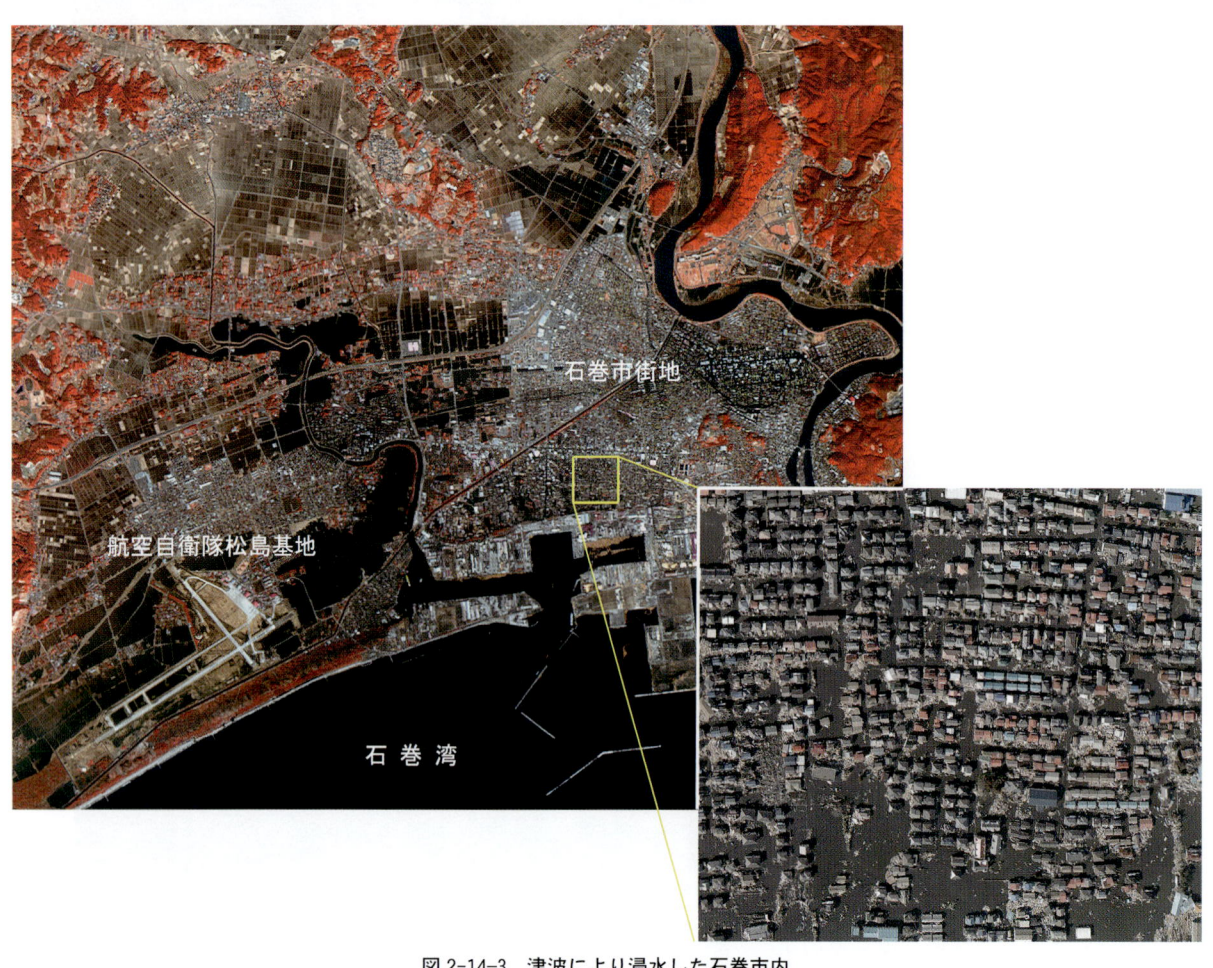

図 2-14-3　津波により浸水した石巻市内
（左：2011.3.14，NASA/AVNIR-2，JAXA；右：2011.3.12 空中写真，国土地理院）
広範囲な地域が浸水し，人々の生活を一変させた．

図 2-14-4　国際宇宙ステーション（ISS）がとらえた仙台平野沿岸域の冠水（2011.3.14, NASA）
沿岸に沿って広がる色の濃い地域が津波による浸水域．白枠は図 2-14-5 の範囲．

戸（2011.3.11：朝日新聞）にのぼった．

　図 2-14-2 は陸前高田市の震災前後の Terra 衛星画像である．高さ 15m を超える津波は「高田松原」を押し流し，市街地奥にまで遡上した．この津波によって多くの建物が倒壊し，津波後の市街地北部と広田湾西部の低地には膨大な量の瓦礫が集積した（画像ではクリーム色に見える点線で示した範囲）．がれき推計量は，東北 3 県で約 2,247 万トンにもなり，これは阪神・淡路大震災の 1.6 倍に相当する（東京新聞 2011.6.25）．

　平坦な地形が広がる仙台付近では，寄せた津波により広大な範囲が冠水し甚大な被害を受けた．図 2-14-3 は，石巻市内の津波による浸水状況を捉えた画像である．石巻市では 7.7m（気象庁）の津波が押し寄せ，漁港をはじめ住宅地や耕作地が浸水した．地震による地盤沈下は石巻で 78cm（国土地理院）に達し，さらに堤防の倒壊もあり海水の進入や停滞を長引かせた．

　図 2-14-4 は国際宇宙ステーション（ISS）から撮影した仙台平野の画像である．

　仙台湾に面する平地では津波により広範囲な地域が冠水していることがわかる．海岸から遠く離れた 5.2km の内陸まで冠水している．図 2-14-5 は図 2-14-4 の枠内を拡大した地域である．海岸沿いには防潮林が植えられていたが，これを乗り越え進入している．平地の多くは水田等の耕作地であるた

136　第Ⅱ部　宇宙から見る地球の姿

図 2-14-5　阿武隈川河口付近の津波による浸水状況（RapidEye）　上：2010.9.10，下：2011.3.14
津波によって海岸沿いの防潮林はなぎ倒され，水田は冠水，家屋は流出している．
阿武隈川は茶色に濁り，海には流された瓦礫が漂流しているのがみえる．
http://www.rapideye.net/news/pr/2011-japanearthquake.html

14. 海嘯こんどは東日本を襲う　137

LANDSAT 2004.6.4　　　　　LANDSAT 2011.6.8　　　　耕作地と津波浸水域図

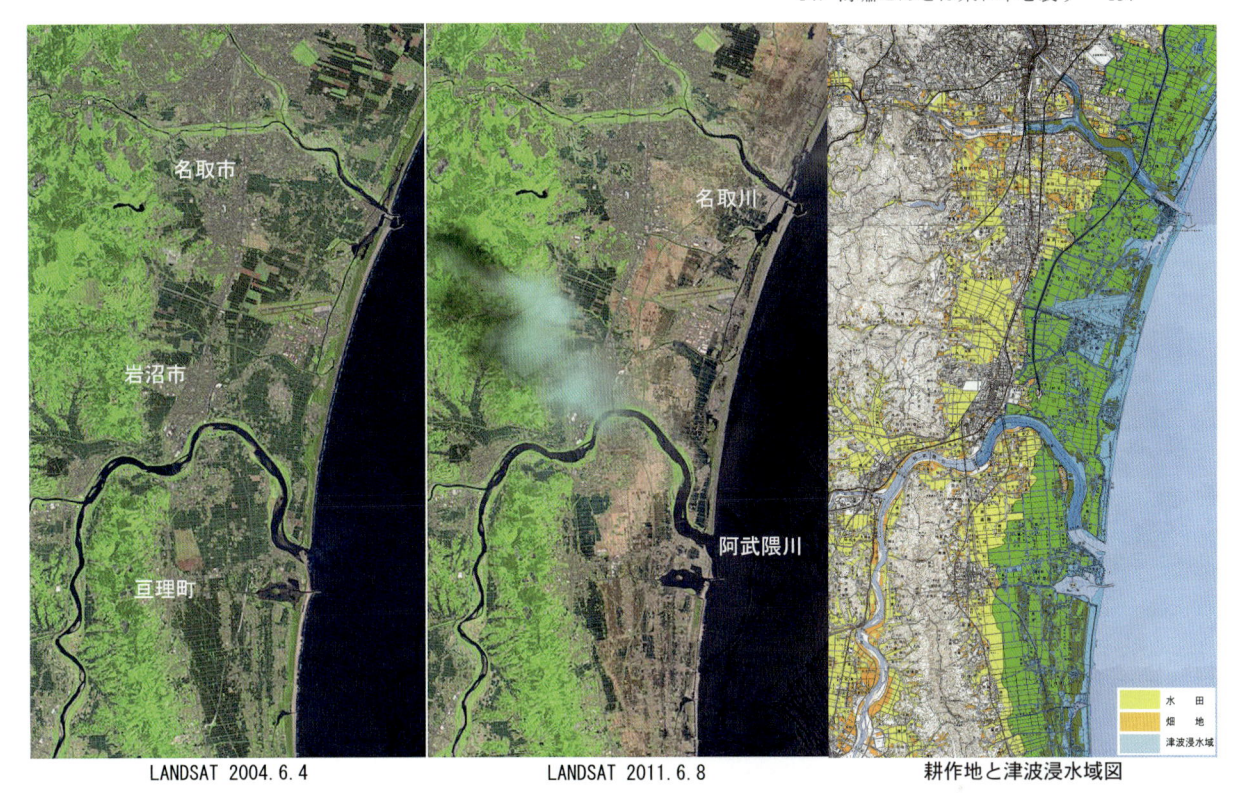

図 2-14-6　津波の冠水による作付けへの影響（USGS/NASA）

表 2-14-1　仙台平野を襲った巨大津波

西　暦	名　称	津波の高さ（遡上高）
貞観 11 年（ 869）	貞観津波	>7m 仙台市荒浜
慶長 16 年（1611）	慶長津波	15〜20m 岩手県田老
寛政 5 年（1793）	寛政津波	4〜5m 釜石市両石
明治 29 年（1896）	明治三陸津波	24.4m 三陸町吉浜
昭和 8 年（1966）	昭和三陸津波	23.0m 三陸町白浜
平成 23 年（2011）	東日本大津波	40.5m 宮古市姉吉

め，今後農業再開には海水による塩害や津波で運ばれてきた土砂やがれきの排除という問題が残された。被害農地の推定面積は，東北 6 県の太平洋沿岸で 23,600ha にのぼる（農林水産省）。

　図 2-14-6 は LANDSAT 衛星が捉えた 2004 年と 2011 年の同時期の仙台平野南部における被災前後の画像である。濃い緑色が作付けの行われた地域であり，2011 年の作付け地域はまだ部分的に行われている程度であったことがわかる。津波が浸水した地域では運ばれてきた塩や砂などがあり，この土砂の撤去や除塩のための水路の確保など復旧が進められており，以前の状態になるまでには時間を要する。

　仙台平野は過去にも何度か津波による冠水があったことがわかってきた（表 2-14-1）。平安時代の古文書『日本三代実録』では 869 年貞観地震，1611 年慶長地震で発生した津波で平野一面が冠水した記録が残されている。また，地層に挟まれた津波の砂の痕跡から，繰り返される津波の規模や時期を推定する試みも行われている。宮城県気仙沼の大谷海岸の地層から，過去 6,000 年の間に 6 回の巨大津波が来襲したことがわかってきた（読売新聞 2011 年 8 月 22 日）。古文書や地層調査によって繰り返し起こる津波に備えることも必要である。

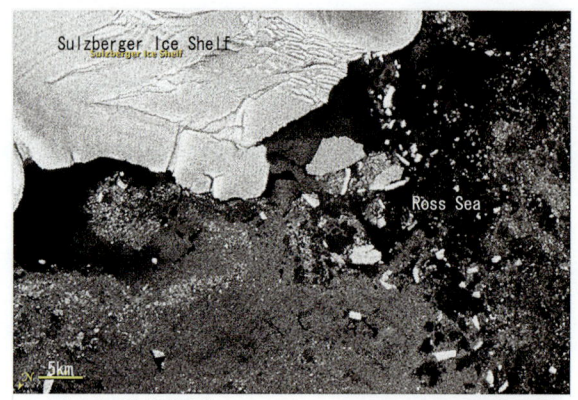

【コラム】

2011年3月11日の三陸沖で発生した津波は，遠く離れた南極の氷床にも影響を与えた。

Envisat衛星の合成開口レーダ（ASAR）による観測から南極海岸に沿ったサルツバーガー棚氷からいくつかの大きな氷塊が落ち，ロス海を移動しているのが捉えられた。少なくとも46年の間，棚氷にあった（左図）この氷塊に動きはなかったという。

氷山となった塊まりは厚さがおよそ80m，面積125km^2（ニューヨークのマンハッタン島のサイズの約2倍）の大きさである。

津波波は地震後約18時間で1万3600kmを伝わり（下図），南極大陸の岸に達した。サルツバーガー棚氷に達した津波のうねりはわずか高さ30cmほどであったが，一連の波は棚氷を破壊させることができるくらいの圧力を引き起こしたと，NASAの科学者は説明している。

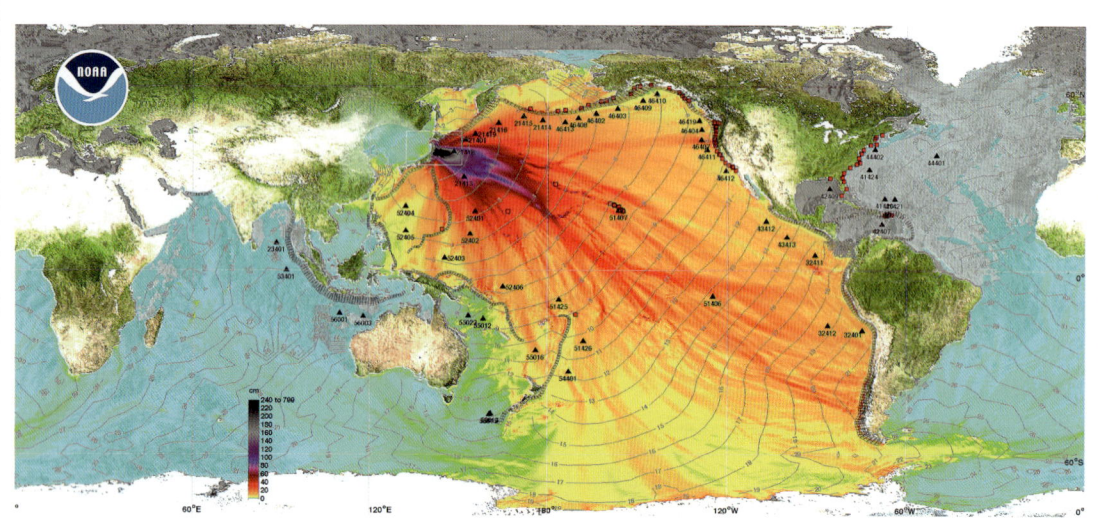

サルツバーガー棚氷から離れ移動する氷山
（上：2011.3.11, 下：2011.3.16） Earth Observatory NASA

津波の伝達時間と高さの模式図（NOAA）
津波波は地震発生から8時間でハワイ，18時間で南極へ到達した．

15. 二つの大洋をつなぐ運河

　古代エジプトから中世の大航海時代において人や物の大量移動には，20世紀初頭に航空機が発明されるまで船が重要な役割を担ってきた。近代になってからは，さらに船による移動は発展拡大し，大陸間に存在する地峡の開鑿は経済的にも軍事的にも次第に大きな意味をもってきた。ここでは今から約100年前に地峡を切り開いて建設されたパナマ運河を取り上げ，その経緯や新たな閘門建設などを衛星画像から探った。

　大西洋と太平洋を隔てるパナマ地峡はわずか80kmにすぎない。しかし，この地峡を結ぶ運河建設には多大な人力と資金を要した。図2-15-1はパナマの狭窄部を切り開き建設された運河の衛星画像である。運河に沿った地域は緑色の森林地域となり，周囲は茶色に見える耕作地域が広がっているの

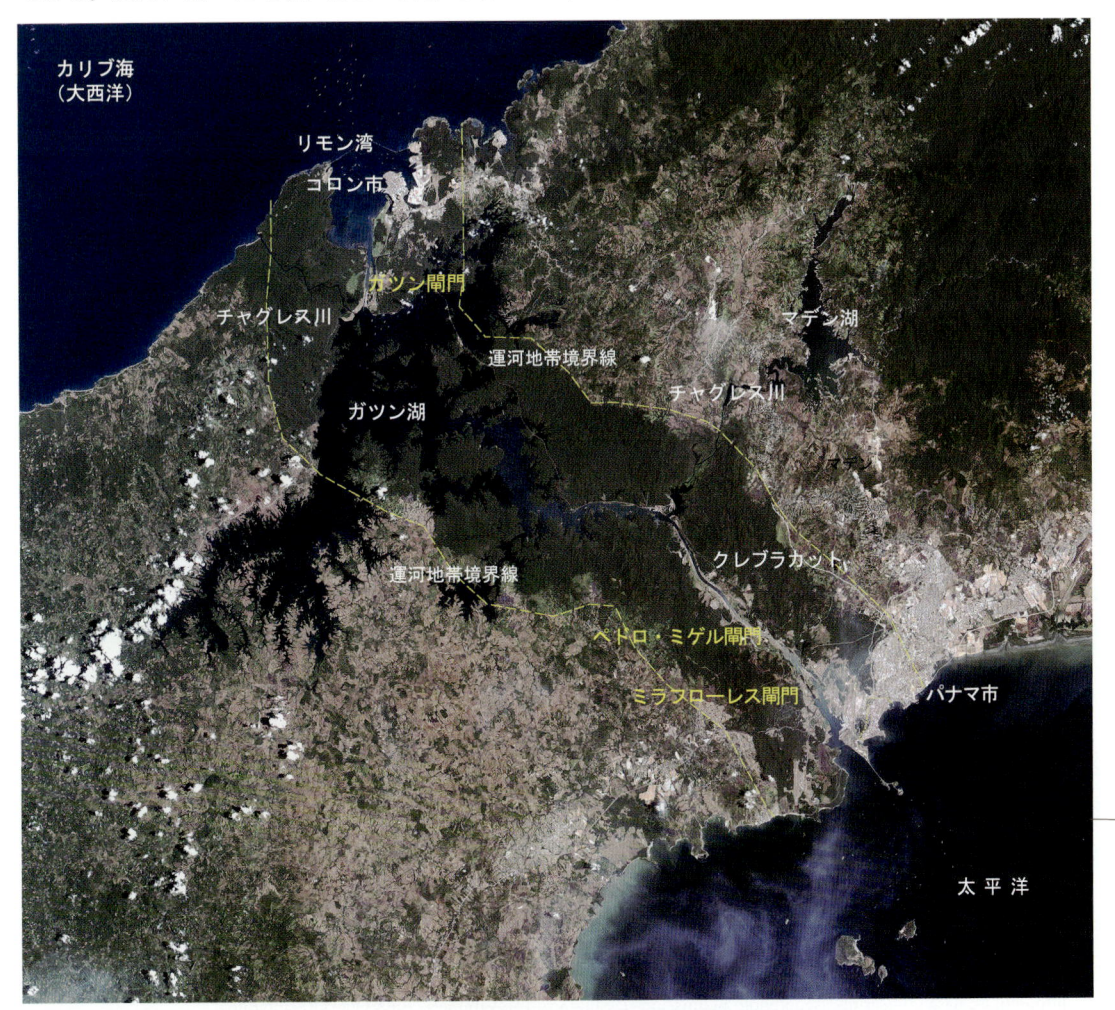

図2-15-1　パナマ地峡と運河地帯（Landsat；2000.5.28；USGS/NASA）

図 2-15-2 パナマ運河断面模式図

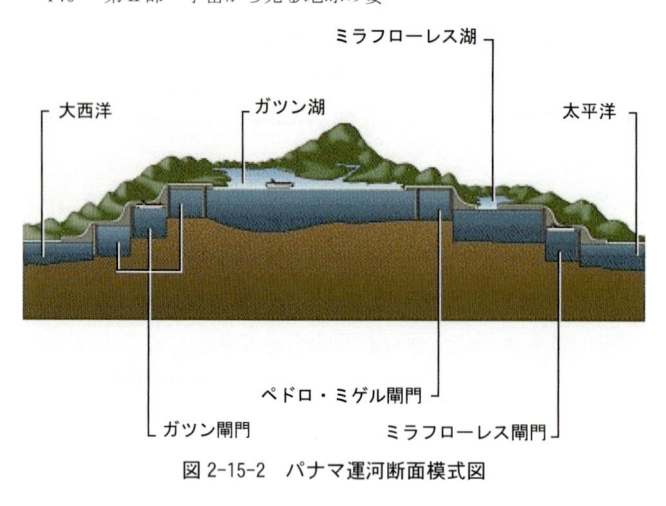

が特徴である．船舶はガツン湖を通過し，両大洋を行き来する．

パナマ運河の歴史は 16 世紀に遡る．1572 年にスペイン人のバルボアが南北アメリカ大陸を結ぶ地峡を越えて太平洋に達したことから，地峡地帯でのルート開発が行われてきた．インカの金銀財宝をヨーロッパに運ぶルートとして，あるいはカルフォルニアの金をアメリカ東部へ運ぶルートでもあった．1880 年に初めて運河の建設計画が持ち上がり，まず 1881 ～ 1888 年にフランスのパナマ運河会社による工事が行われ，1904 ～ 14 年にはこれを引き継ぎアメリカによる運河建設が行われた．最初の工事はスエズ運河を建設したフランス人のフェルディナン・ド・レセップスにより始められ，運河は両大洋を直接結ぶ「海面式運河」で工事が進んだ．しかし，予想を超える難工事となり，黄熱病やマラリアなどの疫病が猛威を振るい 2 万人以上の死者を出した．さらに資金不足などもあり，1889 年にパナマ運河会社は破産した．その後 1903 年パナマ共和国が

図 2-15-3 クレブラカット周辺地域（ISS004-E-7706 ; 2002.2.5）
運河建設時に地すべりが相次ぎ，最も難工事となった区間．運河の幅も狭く当初は約 90m であった．2002 年には拡幅工事で 192m（カーブ区間は 222m）まで拡幅された．運河の右端にはペドロ・ミゲル閘門が見える．
http://eol.jsc.nasa.gov/scripts/sseop/photo.pl?mission=ISS004&roll=E&frame=7706&QueryResultsFile=112383027448522.tsv（NASA）

誕生し，アメリカとの運河地帯の永久租借権を認めた条約が結ばれ，運河建設を再開している。徹底的な衛生管理と最新の工事技術を駆使し，水門の開閉による水位変化を利用した「閘門式運河」の建設を進め（図2-15-2），10年の歳月と3億8700万ドルの巨費を投じ1914年に完成させた。この時期，第一次世界大戦が間近に迫り派手なセレモニーは行われなかった。1977年には新たな「運河条約」が調印され，これにより運河地帯がパナマに移管，アメリカとパナマは共同で運河の管理，運営，防衛を行ってきた。1999年12月31日にはパナマ運河は，アメリカからパナマに軍事基地を含め全面返還されている。

運河工事で最も難工事となったのが，大西洋と太平洋の分水嶺に当たるクレブラカット（ゲイラードカット）区間である。図2-15-3は衛星から見たこの区間の衛星画像である。太平洋と大西洋を二分

図 2-15-4　クレブラカット付近の掘削写真[5]
最も深く掘削した地表からの高さは90m以上に達した．
右側はゴールド・ヒル（Gold Hill）と呼ばれる山地である．

図 2-15-5　クレブラカットの大規模地すべり[5]

する山地を切り開き細い運河が見える。当時の写真（図2-15-4）からは，もとの地表面から急勾配で深さ90m以上を開鑿していることがわかる。とくにこの区間にみられる地質の特徴は，粘土層と黄鉄鉱を含む灰緑色の頁岩からなる地層（クカラッチャ層）で，水分を含むと不安定となり崩壊しやすくなる。フランスの会社による工事が進められているときにもこの地層の存在は知られていたが，アメリカの工事が本格化した1907年から地すべりが起こり始めて大きな障害となった。最初の大きな地すべりはクレブラのクカラッチャ付近で1907年に発生し，1913年末までの7年間に22回の地すべりが発生している（図2-15-5）。1914年8月の開通までの総掘削量は1億7700万m^3（フランスは6,000万m^3）であった。運河開通後も1920年までたびたび崩壊は発生し，船舶の航行が不通になるほどである。

運河建設の間に建造されたガツン湖は1913年にチャグレス川を堰止め建設された，当時は世界一大きな人造湖（約454km^2）であった。さらに，その上流の高山地域には1936年に洪水制御と雨期の貯水を目的にマデン湖（有効水量約6億トン）が建造された。二つの湖は両大洋間の運河航行を操作

図 2-15-6　マデン湖と運河地帯周辺の土地利用
(Landsat；2000.5.28)（USGS/NASA）

するのに必要となる水の貯水機能のみならず，国内人口の半分以上を占める都市（パナマ市とコロン市）に水を供給している。とりわけ運河には太平洋側に3基，大西洋側に3基の閘門があり，1回の航行に約20万トンもの水量が必要である。多い日には40回の開閉操作が行われ，消費される水の量は年間約25億トンにも達する。運河を維持するためには水の確保が不可欠であり，流域の保水能力を維持していくことが必要となっている。

ガツン湖のある大西洋側の年間降水量は2,800〜3,900mmで，その大部分が5月から12月までの雨期に集中する。その集水能力は，ガツン湖周囲の多雨林の自然状況に大きく依存してくる。1999年12月31日にアメリカからパナマ政府に返還されたパナマ運河は，運河を中心に片側5km，長さ83kmの租借地（1,430km^2）も返還された。このアメリカによるコントロール地帯は，周辺住民の伐採や開発を抑制してきた。しかし，現在チャグレス国立公園が設立されその一部も含まれているが，それまで立ち入り禁止地域であった地帯への環境悪化が進んでいる。運河地帯を除く土地では人口の増加のため開墾が進み，過度の焼畑が繰り返されてきており，森林の減少による水源涵養機能の低下や土壌流出が問題となっている。図2-15-6の衛星画像からも，マデン湖周辺や運河地帯内にも耕作地が広がっている様子がうかがえる。パナマの森林は1950年ころまで比較的よく保全されてきたが，1980年をピークとするここ数十年間で伐採と焼畑式農業により半分以上が失われたといわれている。1987年には流域の森林保護法を法制化し5年以上の樹木伐採を禁止している。とりわけパナマ政府は，1997年に両洋間地域開発計画および運河流域における一般的な土地利用と保護開発計画を制定し，運河流域上流の流域保全に力を入れている。

森林伐採による影響は保水能力の低下だけではない。この流域の63%以上は1,000m以下の丘陵地域であるが，多くは急勾配の斜面である。とりわけマデン湖上流域では，およそ9割が45度以上の急斜面である。過度の焼畑などにより森林を切り払われた地域では，熱帯地方特有の激しい雨を吸収することができず土壌侵食が増し，湖へと土砂を堆積させることになる。図2-15-7はチャグレス川上流から茶色の濁水が運河に流出している様子を捉えた画像である。このため運河の航路に当たるガンボア（Gamboa）とバロ・コロラド島（Barro Colorad Island）間ではつねに土砂をポンプで吸い上げ湖底を浚渫している。湖の貯水容量は回復するが，濁水となり周辺住民は湖水をフィルターにかけるか，または瓶詰めの飲料水を手に入れ対応している。湖への土砂堆積は急速に増加しており，マデン

湖の容量は1990年代末には23%が失われたと推定されている。その一方で1990〜91年の干ばつでは，水不足によってやむを得ず閘門操作を1日30回未満までに縮小する事態が起き，1998年には通過船舶の吃水が制限されている。

現在のパナマ運河は3カ所（ガツン，ペドロ・ミゲル，ミラフローレス）計6基の閘門と三つの人造湖をつないだ全長82kmからなる運河で，最小水深は約13m，最小航路幅はゲイラード水路の約192mである。船は海面から約26m高いガツン湖まで3段の閘門を開閉して引き上げられている。現在の運河航行の平均所要時間は9時間で1日平均40隻，年間約1万4700隻の船が航行する。パナマ運河を通航可能な船舶はパナマックスと呼ばれる幅員32.3m，全長294.1m，喫水12.0mのサイズの船である。近年この最大サイズを超える船が相次いでおり，航行可能量の限界にきている。今後2020年までには大型船舶の約30%がこのポストパナマックスサイズと予測されている。

運河建設の計画は以前にもあった。1939年にアメリカは現運河に平行に「第3閘門運河」の建設を始めており，運河の掘削がほぼ終了する1942年，第二次世界大戦のためやむを得ずこのプロジェクトを途中で放棄した経緯がある。また，1970年代から1980年代初めにかけ運河需要の増大や船舶の大型化，運河の老朽化に伴い現行の運河に代わる新たな第2運河建設の要望が高まり，1985年の「パナマ運河代替案調査委員会」を発足させ検討がなされてきた経緯もある。

運河庁では1990年より運河近代化計画に着手しており，クレブラカットの拡幅や閘門の照明整備の改善などが行われてきた。しかし，さらなる増加する運河の船舶通行量や大型船に対応するため新たな第3閘門の建設を決定し，2006年4月に公表している。

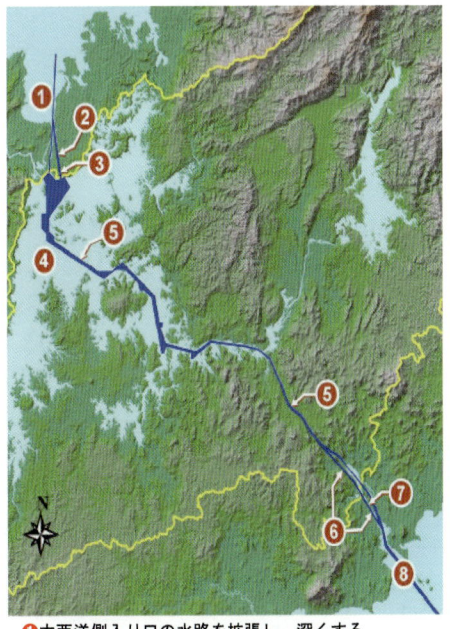

図2-15-7 パナマ運河へ流入する濁水（ISS001-E-5714；2001.1.12）
上流から流れ込む土砂により，運河への堆積が進む．左手前の湖はガツン湖．
http://eol.jsc.nasa.gov/scripts/sseop/photo.pl?mission=ISS001&roll=E&frame=5714&QueryResultsFile=112383027448522.tsv（NASA）

❶大西洋側入り口の水路を拡張し，深くする．
❷大西洋側のポストパナマックス対応の閘門への新しいアクセス水路．
❸大西洋側のポストパナマックス対応の閘門の各閘室に，三つの水量調節貯水槽が設けられる．
❹最大操作可能水量レベルを上昇する．
❺ガツン湖およびゲイラードカットの水路を拡張し，深くする．
❻大西洋側のポストパナマックス対応の閘門への新しいアクセス水路．
❼太平洋側のポストパナマックス対応の閘門の各閘室に三つの水量節約貯水槽が設けられる．
❽太平洋側入り口の水路を拡張し，深くする．

図2-15-8 第3閘門計画全体図
（パナマ大使館ホームページより）
http://www.embassyofpanamainjapan.org/jp/

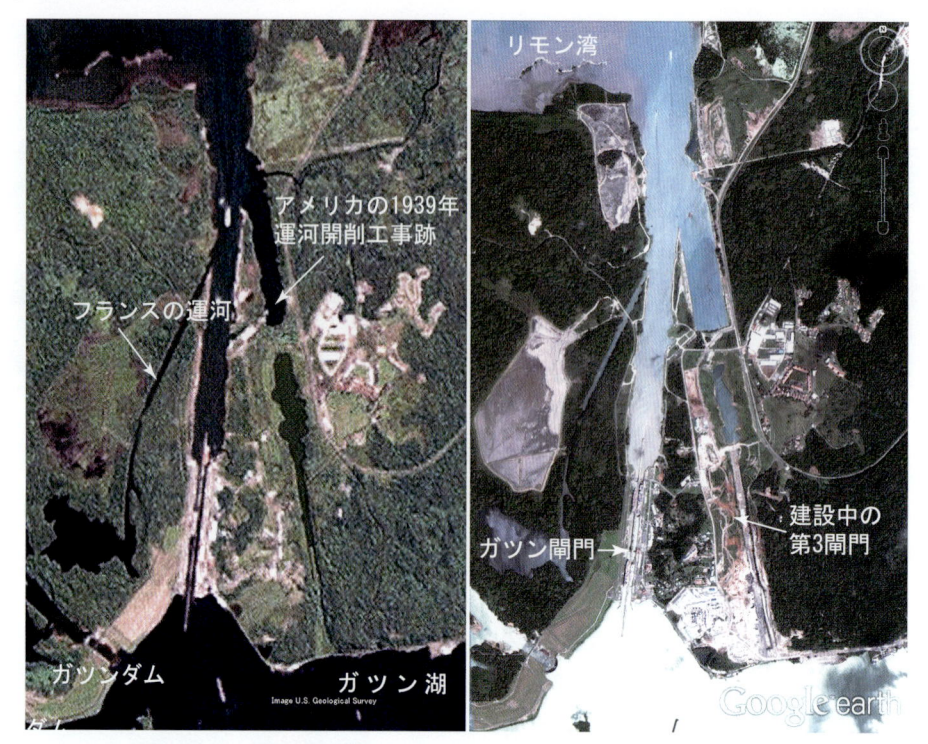

144　第Ⅱ部　宇宙から見る地球の姿

図 2-15-9　建設の進む大西洋側の第 3 閘門（左：1970 年，右：2011 年）
（Google Earth より）

図 2-15-10　ミラフローレス閘門と建設中の太平洋側の第 3 閘門（2011.12.26）
（Google Earth より）

　第 3 閘門計画は，（1）二つの閘門設備の建設で，両用 3 段の閘門を建設する。閘門では水資源の有効利用を考慮し，節水槽を併用する閘門からの排水を節約する。（2）新閘門へのアクセスする水路の建設と既存水路の拡張。（3）既存航路の水深増加およびガツン湖の水位の引き上げ（45cm）などが求められている（図 2-15-8）。この運河拡張計画をはじめとする建設費用にはパナマは莫大な負債

図 2-15-11　太平洋側に建設中の第 3 閘門のパノラマ画像（2012.6.15）
（ACP Canal Expansion Works Live Cameras より）
http://www.pancanal.com/eng/photo/webcams-works.html

を抱えるため，内閣，国民議会による承認を経て，2006 年 10 月 22 日に建設実施の是非を問う国民投票が行われた．投票の結果 77.8％の賛成票を得ることができ，2007 年 9 月 3 日にパナマ運河拡張工事は公式に始まった．パナマ運河設立 100 周年をむかえる 2014 年に完成予定である．建設予算は 52.5 億米ドルでスペインの Sacyr 社を中心とするコンソーシアム（G.U.P.C）が，31.9 億ドルで落札した．図 2-15-9 は大西洋とガツン湖を結ぶ第 3 閘門，図 2-15-10 は太平洋とクレブラカットを結ぶ第 3 閘門の衛星画像である．現在（2012 年 6 月）は大西洋側，大西洋側とも掘削工事は順調に進み閘門の建設が始められている（図 2-15-11）．運河とその関連ビジネスはパナマ国民経済の 40％を占めるほど大きい．日本は米国，中国，チリに次ぐ第 4 位の利用国であり，その建設の行方が注目される．

　なお，パナマ運河以外に以前から検討されてきた，ニカラグアルート運河について，2004 年にニカラグア政府は最大 25 万トンのポストパナマックス船を扱うことができる運河建設を提案している．計画は自然保護派から猛烈な反対にあったが，2006 年 10 月に再度エンリケ大統領はニカラグアがプロジェクトを続けるつもりであると公式に発表している．プロジェクトは概算で構造物に 180 億米ドル，建設に 12 年かかるだろうと予想している．2012 年 7 月に政府はニカラグア運河への投資家のための入札を発表し，中国とインドがプロジェクトに興味を示している．しかし，ニカラグアは単独でプロジェクトを進めることは難しく，隣国コスタリカとの調整や費用面での国際的協力が不可欠であり，まだ見通しは不透明である．

（参考文献）

(1) 河合恒生（1980）:『パナマ運河史』教育社．
(2) 山口廣次（1980）:『パナマ運河』中央公論社．
(3) 国本伊代・小林志郎・小澤卓也（2004）:『パナマを知るための 55 章』明石書店．
(4) 長野正孝（1992）: パナマ運河における土質工学の発展．土と基礎，40(4)．
(5) John Barrett（1913）: *Panama Canal What it is What it means*，Pan American Union.
(6) William Joseph Showalter（1914）: Battling with the Panama Slides．*The National Geographic Magazine*, Feb,1914.

[コラム]

　運河建設や運営には巨額な資金が必要となる。その資金調達に株式（株券）や債券による公募で集められることがある。スエズ運河やパナマ運河も株式や債券の公募が行われその資金となった。図の左側はスエズ運河の株券（3シリーズ），右側はパナマ運河建設の際に発行された債券と株券の一部である。

　スエズ運河とパナマ運河はいずれもフランスの外交官フェルディナン・ド・レセップス（1805-1894）によって運河会社が設立され建設が進められた。

　スエズ運河会社は設立当初建設費に2億フランを見込み，40万株（額面500フラン，利率5％）の株式を1858年11月に市場に売り出した。ところが売れ行きはよくなく28万6000株しか申し込みがなかった。最終的にフランス国民の20万7160株，エジプト政府17万7642株，その他ヨーロッパ各国の人たちが購入し建設費に充てられた。運河は1869（明治2）年に完成したが，建設費用は倍増し4億2500万フランを要している。図は1879年に発行された株券（利率3％）である。その後1956年には運河が国有化され，株主たちは2,300万エジプトポンドの補償を受け利益を得ることになる。

　一方，パナマ運河建設でもレセップスは資本金300億フランで運河会社を設立し，額面500フラン60万株を発行した。今度は売れ行きがよく100万株以上の申し込みがあった。しかし，次第に難工事となり工事の遅れや資金不足に陥り，再三にわたり株券を発行する。株券の中には政府の許可をとったとはいえ禁止されていた富籤付きのものもあった。1880年に発行された株券では利率5％であったが，1886年発行の株券では3％になっている。1889年にフランスの運河会社は倒産し，株券は紙くず同然となった。その後，再度設立したパナマ運河会社も倒産し，アメリカに売却されることになった。株券や債券発行からも国際的な運河建設の難しさと資金調達の苦労がみえてきそうである。

1879年発行株券　　　　　　　　　　1880年発行債権

1882年発行株券

1888年発行株券（富籤付き）

新運河会社1894年発行

スエズ運河会社発行の株券（3シリーズ）　　　パナマ運河会社発行の債権と株券

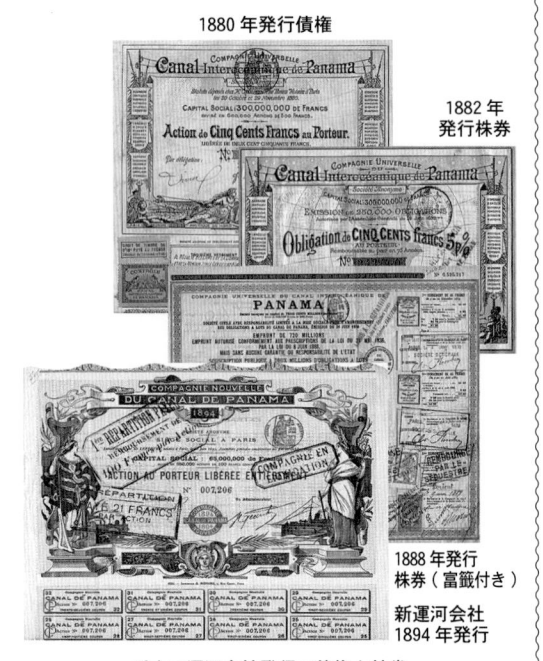

運河建設に際し発行された債券と株券

索　引

ア 行

赤雪　101
アノテーションデータ情報　3
アラス（alas）74
アラル海　62, 69
アラル水利観測所　124
ウィルキンス棚氷　99
雲霧林　90
永久凍土　74
衛星画像の探し方　23

カ 行

重ね合わせ　58
画像演算　56
画像情報　3
画像分類　52
画像判読・抽出　59
画像表示　46
画像分類　52
ガツン湖　141
カラー合成　48
カラコシュン　125
カワリ・ツォー氷河湖　110
乾燥域　79
環日本海海洋環境ウォッチ　25
気象庁　20
教師付き分類　52
教師なし分類　54
キリマンジャロ　89
キリマンジャロ氷河　91
クカラッチャ層　141
クレブラカット　141
軍事気象衛星 DMSP　128
計測・集計　60
黄砂　80

サ 行

閘門式運河　141
国際宇宙ステーション　131
異なる時間と比較　58
異なる地域と比較　58

砂塵（ダスト）79
サバイ・ツォー氷河湖　110
産業汚染物質　81
山地降雨林　90
色調調整　46
シベリア　74
シュードカラー　50
新疆ウイグル自治区　123
森林火災　74
砂嵐　82, 87
スノー・アルジェ　101
スマトラ‐アンダマン地震　105
静止衛星　17

タ 行

タイガ　74
タイテマ湖　125
タクラマカン砂漠　123
棚氷　98
タリム河　123
タリム盆地　123
淡水内陸河川　125
チェルノブイリ原子力発電所　117
チャグレス川　141
チャド湖　84
ツォー・ロルパ氷河湖（Tsho Rolpa）111
津波　105
ディグ・ツォー（Dig Tsho）氷河湖　110
偵察衛星画像　31

東海大学情報技術センター　25
東京情報大学　25
東京電力福島第一原子力発電所　120
トラカルディン氷河　109
トレンサップ川　95
トレンサップ湖　95

ナ　行

ナスカ　113
ナスカ地上絵　113
ネパール　109
2値化画像作成　49
熱帯前線帯（ITCZ）　82

ハ　行

パナマ運河　139
パナマ地峡　139
ハルマッタン　82
半乾燥域　79
バンダアチェ　104
東日本大震災　120
光の公害　130
ヒース（高山草原）　90
ヒストグラム表示　46
ヒマラヤ氷河　109
氷塊　138
氷河湖決壊洪水（GLOF）　109
氷床　98
フィルタ処理　57
放射能汚染地図　118
ホータン河　124

マ　行

マイクロ波データ　35
マスク処理　49
マチュピチュ遺跡　115
メコン川　94
モレーン（堆石丘）　109

ヤ・ラ行

夜間光量　129
ヤクーツク　75, 76
ユーラシアプレート　105
ラムサール登録湿地　96
ラルセン棚氷　98
立体地形データ　37
ルウェンゾリ山　92
レーダデータ（ASAR）　16
レベルスライス　51
ロス棚氷　98
ロプ・ノール（羅布泊）　124

A〜Z

ALOS（だいち）　4
CROSS　36
DEM（Digital Elevation Model）　3, 37
ENVISAT　3
ENVISAT（MERIS）　16, 40
Eoliデータ検索　35
ERDAS View Finder　42
GLCF　26
Google Earth　58
JAXA　4, 9
LANDSAT　25
MODIS　15
NASA　5, 6
NOAA　19
NRL　18
RSP　44
SAR　36
TanDEM-X　37
TerraSAR-X　37
TOPEX/Poseidon　3, 72
TSUNAMI　105
USGS　31

〔著者紹介〕
田中邦一（たなか　くにかず）
　1941 年，東京都生まれ．
　日本大学文理学部地理学科卒業．
　日本大学講師，技術士（応用理学部門）
　著書：『フォトショップによる衛星画像解析の基礎』（共著，古今書院），『空間情報工学演習』（共著，㈶日本測量協会），『図解リモートセンシング』（共著，㈶日本測量協会），『画像の処理と解析』（共著，朝倉書店）など．

山本哲司（やまもと　てつじ）
　1951 年，東京都生まれ．
　日本大学大学院理工学研究科地理学専攻修了．理学修士．
　有限会社シンク・アース・サイエンス（代表取締役）．
　リモートセンシング，GIS 解析
　著書：『フォトショップによる衛星画像解析の基礎』（共著，古今書院）

磯部邦昭（いそべ　くにあき）
　1951 年，東京都生まれ．
　日本大学大学院理工学研究科地理学専攻修了．理学修士．測量士．
　アジア航測株式会社（都市防災）兼日本大学講師（リモートセンシング）
　著書：『フォトショップによる衛星画像解析の基礎』（共著，古今書院），『土地利用変化とその問題』（共著，大明堂）など．

書　名	フリーソフトを用いた衛星画像解析入門－世界の自然と災害事例で学ぶ－
コード	ISBN978-4-7722-2016-3 C1055
発行日	2012 年 9 月 1 日　初版第 1 刷発行
著　者	田中邦一・山本哲司・磯部邦昭
	©2012 Tanaka, K., Yamamoto, T. and Isobe, K.
発行者	株式会社古今書院　橋本寿資
印刷者	㈱太平印刷社
発行所	古今書院
	〒 101-0062　東京都千代田区神田駿河台 2-10
電　話	03-3291-2757
ＦＡＸ	03-3233-0303
URL	http://www.kokon.co.jp/
	検印省略・Printed in Japan

いろんな本をご覧ください
古今書院のホームページ

http://www.kokon.co.jp/

★ 700点以上の**新刊・既刊書**の内容・目次を写真入りでくわしく紹介
★ 環境や都市, GIS, 教育など**ジャンル別**のおすすめ本をラインナップ
★ **月刊『地理』**最新号・バックナンバーの目次&ページ見本を掲載
★ 書名・著者・目次・内容紹介などあらゆる語句に対応した**検索機能**
★ いろんな分野の関連学会・団体のページへ**リンク**しています

古今書院

〒101-0062　東京都千代田区神田駿河台 2-10

TEL 03-3291-2757　　FAX 03-3233-0303

☆メールでのご注文は order@kokon.co.jp へ